图书在版编目 (CIP) 数据

食帖的节气食桌 / 食帖番组主编 . -- 北京：中信
出版社，2017.7（2018.6重印）
ISBN 978-7-5086-7739-2

Ⅰ . ① 食… Ⅱ . ① 食… Ⅲ . ① 菜谱
Ⅳ . ① TS972.12

中国版本图书馆 CIP 数据核字 (2017) 第 133726 号

食帖的节气食桌

主　　编：食帖番组
策划推广：中信出版社
出版发行：中信出版集团股份有限公司
　　　　　（北京市朝阳区惠新东街甲 4 号富盛大厦 2 座　邮编 100029）
承 印 者：鸿博昊天科技有限公司

开　　本：787mm×1092mm　1/16　　　印　　张：13　　　　字　　数：170 千字
版　　次：2017 年 7 月第 1 版　　　　　印　　次：2018 年 6 月第 4 次印刷
广告经营许可证：京朝工商广字第 8087 号
书　　号：ISBN 978-7-5086-7739-2
定　　价：59.80 元

目录

Opening

司岁备食

地球绕太阳公转一周为一年，每公转 15 度为一个节气，一周 360 度，恰是 24 个节气。

我们的祖先早在先秦时期，就观察到太阳的周年运动。他们根据运动规律，将太阳周年运动轨迹划分成 24 个节气，每个节气有三候，一候隔五日。这一套用来指导古代农事的历法，在汉代就已完全确立。作为认知一年中时令、气候、物候变化规律的知识体系，一直沿用至今，并传播至其他国家，2016 年被列入联合国教科文组织《人类非物质文化遗产名录》。

节气实则分为"节"与"气"，一年有 12 个节和 12 个气，每月有一节和一气。俗语说："上半年来六、廿一，下半年来八、廿三。"正是指"节"与"气"在一年中对应的日子。现代二十四节气的日期年年稍有不同，需由专家根据天体运动结果来测算，前后会差上一两天，比如 2016 年的立春是 2 月 4 日，雨水是 2 月 19 日；2017 年立春是 2 月 3 日，雨水是 2 月 18 日。其中立春是"节"，雨水是"气"。

二十四节气不仅用来指导农事，还被视作"不时不食"的饮食参考。"不时不食"是一个古老概念，在《论语·乡党第十》中已有记载，《黄帝内经·素问》中也提到："司岁备物"，提醒人们应当遵循时令来准备食物与药材。

《诗经·豳风·七月》有云："六月食郁及薁，七月亨葵及菽，八月剥枣，十月获稻，为此春酒，以介眉寿。"六月吃李子和葡萄，七月煮葵和豆，八月开始打红枣，十月下田收稻谷，然后酿成春酒，为主人求长寿。在没有农药化肥、温室大棚的年代，牢记着岁月与作物生长的节律，吃当季的食物，是再自然不过的事情。先人们早已发现那些自然界中永恒存在的道理，比如春生夏长，秋收冬藏，顺应自然规律生长的植物，才能滋养出最丰富的风味。

所以，即使在任何时间、地点都能吃到任一食材的今天，日本人仍在讲究"旬"，欧美人仍在崇尚"seasonal（季节性）"，我们仍主张"不时不食"。只是，久不近农田的我们，又怎会像农人一般了解物候呢？芒种前后，哪种食材正当时？许多人或许答不上来。

如果有本书能马上告知答案就好了。不只是芒种，每一个节气最好吃的食材有哪些，每种好吃的食材应该怎样做才更美味，这本书里都应当有。更重要的是，它需是一本"美"的书，如同二十四节气本身一般美。

这便是我们制作此书的初衷。

Chapter .1
Spring 春

春 Spring

立春
the Beginning of Spring

时间：2月3日—2月4日

三候：东风解冻；蛰虫始振；鱼陟负冰。

○ 立春是二十四节气的开始，预示着春天的来临，从此时到立夏这段时间称为春天。立春之后，虽有部分地区积雪不化，但是全国各地普遍开始回温，万物复苏，四季开始一个新的轮转。因此，《立春》诗云：『东风带雨逐西风，大地阳和暖气生。万物苏萌山水醒，农家岁首又谋耕。』

春笋 Spring Bamboo Shoot

春天伊始破土而出的笋叫作春笋。立春之时，最宜吃春笋，肉质鲜嫩爽口，适合各种烹调方式。春笋属于高蛋白、低脂肪、低淀粉、多粗纤维素的食物，因此有助于促进肠胃蠕动，起到辅助减肥的作用。

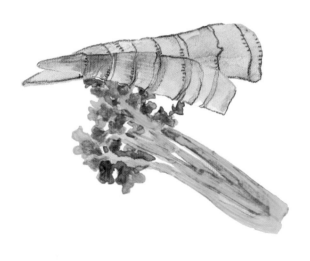

芹菜 Celery

主要分为水芹、旱芹和西芹，一年四季都可以吃到。立春时，宜吃水芹，烹制方式可凉拌、荤素炒食或者做沙拉。水芹含有丰富的维生素和矿物质，属于高纤维食物，多食用水芹，有助于促进消化、抑制肠内细菌产生致癌物质、辅助治疗高血压等病症。

小葱 Green Onion

根据葱白的长短，可将葱分为大葱和小葱两类，大葱较高大，葱白偏甜，多种植在北方；小葱植株较细短，一般作为调料或者生食用，多种植在南方。
小葱富含丰富的维生素、蛋白质、矿物质和胡萝卜素，有助于促进消化、杀菌，还能治疗感冒。

腌笃鲜

芹菜炒虾仁

葱油豆腐

立春之时，使用春笋、芹菜、小葱三种食材，烹制出三道菜品：腌笃鲜、芹菜炒虾仁、葱油豆腐。

其中，腌笃鲜是江南吴越特色菜，腌意指腌制的咸肉；鲜不仅指春笋，也指鲜肉，传统腌笃鲜做法需同时使用鲜肉与咸肉，而本道食谱中的"鲜肉"则是使用排骨；笃则是小火炖的意思，使用春笋同腊月准备的咸肉以及新鲜的排骨一起炖煮，汤汁清爽，入口香而不腻，最宜开胃。

芹菜炒虾仁，看似简单，但是吃起来却有惊艳之感。芹菜鲜翠欲滴，取嫩芽同虾仁简单炒食，鲜甜并存，岁末吃惯了硬菜，不妨来个清爽小炒解解腻。

春季是小葱最为鲜嫩的时候，将豆腐煎至金黄，撒一把嫩葱，淋上酱油和热油，"刺啦"出香，简单易上手，本是无味的豆腐，在葱和热油的激发下，便出了味道。

料理人 PROFILE

Jackie
曾任"山川与湖海"餐厅主厨。

Bamboo Shoot Soup

腌笃鲜

Time 75min   Feed 2

食材

春笋	2 根	**米酒**	20 毫升
咸肉	200 克	**姜**	2 片
排骨	250 克	**盐**	适量

做法

① 春笋去皮，切小块，焯水后放入凉水中待用。

② 排骨和咸肉一起焯水，待用。

③ 焯好的咸肉切块，和排骨、春笋一起放进炖锅，加清
   水、姜片和米酒，大火煮开后转小火，加盖煮 1 小时。

④ 依据个人口味加少许盐调味即可。

TIPS

笋必须选用春笋，而非冬笋。腌笃鲜作为春季的代
表菜品，最为讲究的就是春雨过后的这一口鲜笋味。

Fried Celery with
Shrimp

芹菜炒虾仁

Time 20min   Feed 2

食材

白虾	10只	糖	适量
红、黄彩椒	各半个	白胡椒	适量
水芹	1把	油	适量
盐	适量		

做法

① 彩椒切丝，水芹切段，白虾去头剥壳并去虾线，备用。
② 平底锅烧热油，倒入彩椒，翻炒均匀后加入虾仁翻炒。
③ 撒少许糖，待虾仁熟后加入水芹继续翻炒，最后依据
　 个人口味加少许盐和白胡椒调味即可。

Green Onion with
Fried Tofu

葱油豆腐

Time 20min   Feed 2

食材

小葱	1 把	盐	少许
老豆腐	1 块	糖	少许
面粉	50 克	油	适量
酱油	适量	白芝麻	适量
味啉	适量		

做法

① 小葱洗净切碎，老豆腐切块备用。

② 将酱油、味啉、盐、糖调成酱汁备用。

③ 将豆腐裹满面粉后煎至两面金黄，再置于吸油纸上
沥干表面浮油。

④ 豆腐装盘，淋上酱汁，码好葱花，撒少许白芝麻，
再淋一层热油即可。

TIPS

老豆腐：即北豆腐，较有韧性，适合煎炸类烹调，
用适量油煎至金黄出香，非常下饭。

春 Spring

雨水
the Rains

时间：2月18日—2月20日
三候：獭祭鱼；鸿雁来；草木萌动。

○ 雨水是二十四节气的第2个节气，此时气温回升，冰雪融化，降水增多，同时意味着气象意义上的春天开始了。在古诗《春夜喜雨》中有描述："好雨知时节，当春乃发生。随风潜入夜，润物细无声。"

绿豆芽 Bean Sprout

绿豆芽有消水肿、降血脂的作用，在发芽过程中会产生大量的维生素C，部分蛋白质会分解为人体所需的氨基酸。市面所售的无根豆芽多是催熟，为国家禁售蔬菜之一。正常的绿豆芽根体呈淡黄色，水分适中，无异味，购买的时候应选取5～6厘米的长度为佳。

莴笋 Asparagus Lettuce

原产于地中海沿岸的春季时蔬，大约于5世纪传入中国。口感爽脆，可炒食、凉拌、生食或者做成干菜。
莴笋富含蛋白质、胡萝卜素、多种维生素，叶子的营养成分远远高于茎部，茎部的维生素C和胡萝卜素含量极少。多食莴笋有助于促进消化，提高免疫力，对心脏病患者来说，莴笋是非常适合的食物。

豌豆苗 Pea Sprout

豌豆的嫩茎叶，也被称为"龙须苗""龙须菜"，常见于南方饭桌，富含维生素C和膳食纤维，有助于增强人体抵抗力，促进肠道蠕动。

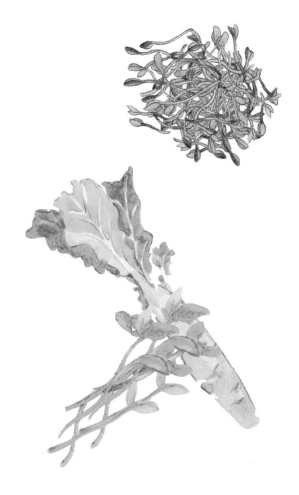

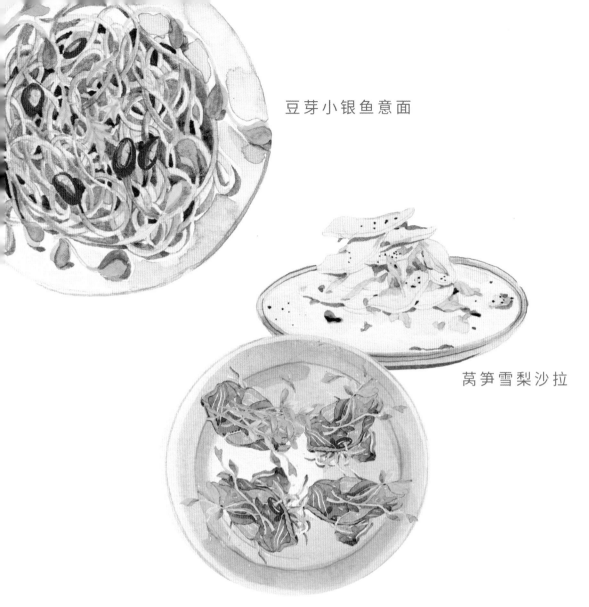

豆芽小银鱼意面

莴笋雪梨沙拉

味噌豆苗牛肉 Tapas（开胃菜）

料理人 PROFILE

ViVi
毕业于心理学专业，主攻运动疗
法研究。旅居游学国外多年，在
亚太地区参加多项运动训练专业
培训和研究。

雨水时节，可以用绿豆芽、莴笋、豌豆苗三种食材，烹制出三道菜品：豆芽小银鱼意面、莴笋雪梨沙拉、味噌豆苗牛肉 Tapas（开胃菜）。

绿豆芽是春季不可或缺的食材，与银鱼干、小辣椒拌炒成极具风感的意面，口感清甜，最宜饱腹。莴笋雪梨沙拉口感爽脆，简单无负担。味噌豆苗牛肉 Tapas 荤素搭配，可作小食。春季伊始，吃一顿健康低脂的轻食吧。

Dried Whitebait Spaghetti
with Bean Sprout

豆芽小银鱼意面

Time 35min   Feed 2

食材

绿豆芽	200 克	小辣椒	1 个
意面	100 克	熟芝麻	1 勺
芹菜（取嫩芯）	1 根	日本白酱油	少许
小银鱼	15 克	芝麻油	少许

做法

① 小银鱼用热水泡 5 分钟待用。

② 意面煮到七分熟，过冷水后，沥干待用。

③ 热锅倒橄榄油，放入小银鱼、小红辣椒和豆芽，翻炒
至豆芽断生，加入白酱油、意面，继续翻炒约 1 分钟，
关火，加入熟芝麻和芝麻油，拌匀。

④ 装盘，用嫩芹菜芯装饰即可。

TIPS

这道食谱属于"Fusion Food"，即"无国界食物"，
是根据实际情况，将全球饮食进行混搭而制作出的
创新料理。食谱中意面过水虽与传统意面煮法背道
而驰，但实际上，在家中厨房处理最细的意面时，
如果不是用专门的煮意面的高锅是很难煮到全熟且
保持筋道的。过冷水这一步骤，既可以在一定程度
上保持面条的筋道，也可以冲掉面条表面的糊化淀
粉，使口感更加清爽。

莴笋雪梨沙拉

Time 30min   Feed 2

食材

莴笋	1 根	混合胡椒	少许
雪梨	1 个	橄榄油	1 汤匙
核桃燕麦	30 克	蜂蜜	少许
柠檬	1 个	海盐	少许
白葡萄酒醋	1 汤匙		

做法

① 将莴笋削成细薄片，泡在蜂蜜海盐水中，雪梨切薄片，泡在柠檬水中，待用。

② 将浸泡过的莴笋片和雪梨片混合装盘，依次放入混合的核桃燕麦碎、柠檬汁、白葡萄酒醋、橄榄油，撒上混合胡椒即可。

TIPS

雪梨切片后浸入柠檬水中，是为了防止表面氧化变色。

Pea Sprout and Beef Tapas

味噌豆苗牛肉 Tapas（开胃菜）

Time 135min　　Feed 2

食材

豆苗	50 克	蜂蜜	1 汤匙
金针菇	50 克	花椒	20 粒
牛腱肉	100 克	芝麻油	少许
白味噌	2 汤匙	鲣鱼汁	少许
小红辣椒	3 个		

做法

① 牛腱肉提前用白味噌、蜂蜜抹匀腌制一晚。

② 牛肉冷水下锅，撇去血沫和浮沫，加入白味噌、花椒、小红辣椒炖 1.5 ～ 2 小时。

③ 金针菇焯水后沥干，待用。

④ 炖好的牛肉沥干汤汁，切小片，和豆苗、金针菇一起摆盘。

⑤ 将白味噌、芝麻油、鲣鱼汁混合成调味酱汁，淋入盘中。

⑥ 最后撒少许白芝麻、小红辣椒即可。

TIPS

1. 使用白味噌和蜂蜜腌制牛肉，除了可以入味，还可以软化牛肉组织，使牛肉的口感变得更好。

2. 肉类焯水时，需要冷水下锅。因为肉中的毛细血管遇到热水会突然凝固，影响肉本身的颜色和口感。此外，一般用来做高汤的肉类，要选择开水下锅，旺火熬制出浓汤，或用小火慢煨出清汤。

春 Spring

惊蛰

the Waking of Insects

时间：3月5日—3月6日

三候：桃始华；仓庚鸣；鹰化为鸠。

○ 惊蛰是二十四节气的第3个节气，所谓惊蛰，取的是天气转暖，本来冬季蛰伏冬眠的动物被春雷惊醒之意。这意味着此时中国大部分地区进入春耕时节。

蒜薹 Garlic Sprout

春天的蒜薹最为鲜嫩，口感辛辣，多同肉类炒食。蒜薹对腹痛、腹泻有一定的功效，且有较强的杀菌作用。外皮含有丰富的纤维素，可刺激肠道蠕动。

茼蒿 Crown Daisy

主要分为大叶茼蒿和小叶茼蒿。大叶茼蒿的叶片大且肥厚，茎部嫩而少纤维，适合南方栽培；小叶茼蒿的叶片狭小，茎部纤细，味道浓郁，适合北方栽培。

茼蒿含有的粗纤维，有助于促进肠道蠕动，其特殊的香气具有安定情绪、促进食欲的作用。

梨 Pear

惊蛰吃梨是习俗。此时乍暖还寒，冬季的干燥还没褪尽，最容易口干舌燥，梨子有生津润燥、止咳降火的作用。

茼蒿豆腐汤

蒜薹回锅肉

红糖炖梨

料理人 PROFILE

Jennifer Jia
久居墨尔本的北京人，毕业于澳大利亚的莫纳什大学，主修市场和艺术人文专业。曾任 *Kinfolk* 杂志中文版创建团队市场总监。

Yuanxi
食物静物造型师、女装设计师、Instagram 推荐用户。曾先后在巴黎、伦敦和纽约生活、工作。回国后曾任吕燕 Comme Moi 品牌设计师。

惊蛰之时，可以用蒜薹、茼蒿、梨三种食材，烹制出三道菜品：蒜薹回锅肉、茼蒿豆腐汤、红糖炖梨。

回锅肉属于川菜，所谓"回锅"即是返回锅中再次烹调的意思，其重点在于掌握好火候，五花肉煸炒出油微焦，用余油继续炒蒜薹，再将五花肉回锅，口味较重，最宜下饭。茼蒿鲜嫩，口感香嫩，同北豆腐一同煮汤，最宜解腻。而"梨"则与"犁"同音，象征春耕开始，同红糖煮食，最易润燥。

Fried Pork
with Garlic Sprouts

蒜薹回锅肉

Time 30min   Feed 2

食材

五花肉	250 克	白糖	1 勺
蒜薹	1 把	姜	3 片
青椒	半个	八角	2 个
红椒	半个	香叶	1 片
生抽	1 勺	郫县豆瓣酱	1 大勺
料酒	适量		

做法

① 五花肉整块放入锅中，倒入清水至没过五花肉，放入八角、香叶，待水煮沸后再继续煮 10 ～ 15 分钟，捞出肉块待用。

② 蒜薹切段，青椒、红椒切粗丝，姜切片，肉块切薄片。

③ 起油锅，热油后放入姜片、肉片煸炒，炒出油脂后盛到碗里待用。

④ 用余油翻炒蒜薹至半熟，加入肉片、郫县豆瓣酱翻炒，用料酒、生抽、白糖调味，倒入青椒、红椒继续翻炒约 3 分钟即可关火。

Crown Daisy and
Tofu Soup

茼蒿豆腐汤

Time 20min   Feed 2

食材

茼蒿	1 把	盐	2 小勺
北豆腐	半块	大蒜	2 瓣
香油	1 勺	樱桃萝卜（可选）	半个
油	1 大勺		

做法

① 茼蒿洗净滤水，切小段，北豆腐切块。

② 起锅倒油，放入蒜末煸炒，放入茼蒿翻炒至半熟，倒入豆腐块和足量的水，中火煮 5～8 分钟。

③ 滴入香油后关火，用樱桃萝卜点缀即可。

Stewed Pear with
Brown Sugar

红糖炖梨

Time 55min   Feed 2

食材

红糖	3 大勺	柠檬	半个
香梨	2 个	干玫瑰花瓣（可选）	1 大勺

做法

① 小锅内倒入清水，放入少许柠檬皮，加入红糖，煮沸。香梨去皮（保留梨梗）放入锅中，用大火煮 8 分钟。

② 转小火煮 35 ～ 40 分钟，取出装盘。

③ 在盘中倒入少许锅中糖汁，撒少许玫瑰花瓣碎点缀即可。

春 Spring

春分
the Spring Equinox

时间：3月20日—3月22日

三候：玄鸟至；雷乃发声；始电。

○春分是二十四节气的第 4 个节气，从春分到清明，是草木旺盛生长的时期。春分之时，意味着全球昼夜平分，之后，燕子归北，雨天鸣雷打闪。

芦笋 Asparagus

芦笋是春季时蔬，主要分为绿芦笋和白芦笋。破土而出的是绿芦笋，含有较多叶绿素；长于土下的为白芦笋，因为种植的方式更复杂，且富含微量元素，因此价格远远高于绿芦笋。

芦笋所含蛋白质、碳水化合物、维生素远高于普通蔬菜，且热量较低。食用芦笋可有效消除疲劳、降血压、增强食欲、提高自身免疫力。

芦笋含有少量嘌呤，痛风患者不宜多食。

香椿 Toona

采摘时间一般为每年的 3 月－5 月上旬。香椿含有较多的硝酸盐和亚硝酸盐，因此最好食用新鲜且嫩的香椿芽，且在食用前先焯水，并搭配富含维生素 C 的食物。

香椿富含蛋白质、脂肪、多种维生素、铁、磷、钙等营养物质，能有效预防慢性疾病、降血脂、降血糖。

樱桃萝卜 Cherry Radish

春季时蔬，形似樱桃，口感甜脆，辛辣感不明显，根部和叶部均可食用，既可生食蘸酱，也可炒食。能够解油腻、解酒，有利于促进肠胃蠕动，增进食欲，助消化。

芦笋虾球

香椿拌豆腐

樱桃萝卜一夜渍

料理人 PROFILE

Pan 小月
内容主编，曾经营私房菜工作室"山川与湖海"。著有《假如我有一间咖啡馆》《一起来吃早午餐》等美食菜谱书。

春分之时，以芦笋、香椿、樱桃萝卜三种食材，烹制出三道菜品：芦笋虾球、香椿拌豆腐、樱桃萝卜一夜渍。

其中，芦笋虾球和樱桃萝卜一夜渍都属于比较清淡的菜式，制作简单，能够较大限度地保留食材原本的口感，食用无太多负担；香椿拌豆腐虽没有繁杂的制作过程，但是重在最后淋的热花椒油，热油激发出香椿和豆腐的鲜香，且有花椒味辅助，丰富这道菜的口感。

Fried Shrimps
with Asparagus

芦笋虾球

Time 25min   Feed 2

食材

芦笋	1 把	干辣椒	2 小勺
大虾仁	10 只	料酒	1 小匙
蒜	2 瓣	盐	少许

做法

① 虾仁解冻并沥干水分，用料酒、盐抓匀腌制。

② 大蒜拍碎，干辣椒掰成小段；芦笋掰除根部，削去硬皮，斜切成段。

③ 热油锅，小火煸香蒜瓣和干辣椒，再将虾仁和芦笋一同下锅，转中大火翻炒至虾仁变色，撒少许盐即可出锅。

Boiled Tofu with
Toona

香椿拌豆腐

Time 25min   Feed 2

食材

香椿	1 小把	花椒粒	若干
北豆腐	1 块	盐	少许
辣椒面	1 大匙		

做法

① 北豆腐切丁，香椿摘去老梗取嫩叶。

② 豆腐丁放入沸水中烫 30 秒，捞出沥水放入搅拌盆；锅中再放入香椿烫 15 秒，捞出后沥干、剁碎，和豆腐丁倒在一起，撒少许盐拌匀，然后撒 1 匙辣椒面。

③ 冷锅冷油，放入花椒粒，小火慢慢炸出香味；捞出花椒，将油烧热，淋在辣椒面上即可。

TIPS

香椿的亚硝酸盐含量很高，制作前要先用沸水焯一下。

冷锅冷油：指的是将油和食材同时放入锅中，再开小火加热。这种烹制方法会尽可能避免食用油因高温产生油烟，同时最大限度保留油中的营养成分，减少化学分解产生的有害物质。

Pickled Cherry Radish

樱桃萝卜一夜渍

Time 150min   Feed 2

食材

樱桃萝卜	1 把	绵白糖	2 大匙
盐	适量	白醋	2 大匙

做法

① 樱桃萝卜去根，保留少许缨子，对半切开后再划成薄
   片（不要切断）。

② 萝卜片用盐抓匀，腌制 15 分钟，待出水后将水倒掉；
   加入绵白糖和白醋，拌匀后放入冰箱冷藏 2 小时以上
   即可。

TIPS

"一夜渍"的概念来源于日本，顾名思义，指的是腌
制一夜的小菜。制作一夜渍最常用到的容器就是"雾
面浅渍钵"，这种容器盖子较重，有利于压制密封。

春 Spring

清明
Pure Brightness

时间：4月4日—4月6日

三候：桐始华；田鼠化为鴽；虹始见。

○清明是二十四节气的第5个节气，《历书》有云："春分后十五日，斗指丁，为清明，时万物皆洁齐而清明，盖时当气清景明，万物皆显，因此得名。"由此可见，清明是在春分之后十五日，此时万物洁净而清明，气候清爽，景物明朗，所以这个节气才得名『清明』。

花椰菜 Cauliflower

原产自地中海东部海岸，于清光绪年间引入中国。花椰菜含有丰富的维生素及矿物质，其中尤以维生素 C 的含量最高，且钙含量较高，有助于提高人体的免疫力，防止患上感冒和坏血病。

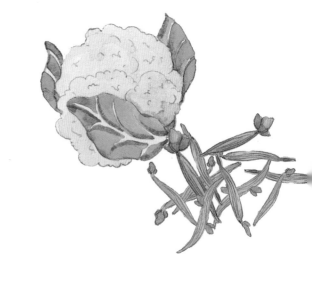

黄瓜花 Cucumber Flower

黄瓜花富含大量的葫芦素，这种营养成分能够有效提高人体的免疫力。黄瓜花多清炒食用。

枇杷 Loquat

春季早熟水果，一般在秋天或初冬开花，于春天至初夏长成。枇杷味道甜美，富含多种果糖、葡萄糖、维生素，胡萝卜素含量较高，做成糖水，有润肺止咳的功效。

秘制梅酒菜花煲

糖水枇杷

蒜蓉黄瓜花

料理人 PROFILE

周宏翔
畅销书作家，代表作《名利场》《我只是敢和别人不一样》等。

清明之时，以花椰菜、黄瓜花、枇杷三种食材，烹制出三道菜品：秘制梅酒菜花煲、蒜蓉黄瓜花、糖水枇杷。

在烹制花椰菜时，爆炒时间不宜过长，也不宜高温长时间处理，因此，这道秘制梅酒菜花煲，仅在开锅后焖煮片刻即可，猪蹄软糯入味，最宜下饭。黄瓜花最后淋上热油，使得配料中的蒜香被激发出来，从而丰富了整道菜的口感。最后用枇杷做一道简单的糖水，润肺去燥，减少季节带来的损伤。

Dry Pot Cauliflower
with Plum Wine

秘制梅酒菜花煲

Time 145min   Feed 2

食材

腊猪蹄	4 只	花椒	少许
白萝卜	1 个	干辣椒	适量
花椰菜	1 棵	老抽	1 勺
葱花	少许	草果	1 个
姜片	4 片	青梅酒	少许
蒜末	少许	油	适量
八角	2 个	白醋	2 勺

做法

① 腊猪蹄斩块，用温水浸泡半小时，洗净后备用。

② 2 片姜片放在腊猪蹄上，倒入白醋，再加入少量水至浸满腊猪蹄，开中火，盖上盖子煮沸，再多煮一会儿后盛出。

③ 白萝卜去皮切块，花椰菜掰小块后用淡盐水浸泡，备用。

④ 热锅下油，放入干红椒、八角、草果、花椒、2 片姜片、蒜末，小火炒出香味，再放入腊猪蹄，煎炒的同时淋入 2 勺青梅酒；加足量开水至没过食材，煮开后转小火继续炖 2 小时。

⑤ 待猪蹄炖软后，加入萝卜块和老抽，转中火炖煮 10 分钟后，加入花椰菜，并转大火开始收汁，最后撒少许葱花即可出锅。

Cucumber Flower
with Garlic

蒜蓉黄瓜花

Time 20min   Feed 2

食材

黄瓜花	若干	大蒜	2 瓣
盐	1 勺	香醋	少许
糖	少许	油	少许
生抽	2 勺		

做法

① 黄瓜花洗净沥水，将大蒜拍成蒜蓉。

② 锅内水烧开，加 1 勺盐，下黄瓜花烫熟捞起，沥水后
   装盘，淋上生抽、糖，撒上蒜蓉，最后取 1 勺烧开的
   油淋上即可。

Loquat Syrup

糖水枇杷

Time 40min   Feed 2

食材

枇杷	5 个	枸杞	少许
冰糖	10 克		

做法

① 枇杷洗净去皮,对半切开,去核及内膜。

② 锅中加足量水,倒入枇杷、冰糖、枸杞,大火烧开,
再转小火煮 30 分钟即可。

春 Spring

谷雨
Grain Rain

时间：4月19日—4月21日
三候：萍始生；鸣鸠扶其羽；戴胜降于桑。

○ 谷雨是二十四节气的第6个节气，也是春季的最后一个节气。『清明断雪，谷雨断霜』，谷雨之后，寒潮天气基本结束，气温回升，雨水增多，此时非常有利于谷类作物的生长。

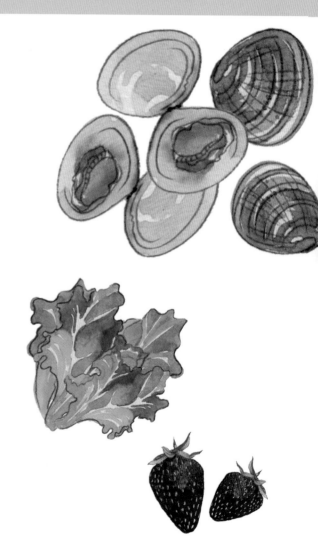

蛤蜊 Clam

蛤蜊是最常见的海鲜贝类之一，属于高蛋白、低脂肪的食物，常用来做汤菜，如蛤蜊汤面、蛤蜊汤等，主要起到提鲜的作用。

目前市面上常见的蛤蜊有毛蛤、纹蛤、花蛤、沙蛤、白蛤、乌蚬蛤、飞蛤等，其中除了乌蚬蛤是淡水蛤，其他都是海水蛤。

生菜 Lettuce

顾名思义，生菜一般是作为生食的蔬菜，也可同蒜蓉、菌菇等混炒。生菜的植物纤维和维生素 C 的含量较高，有降低胆固醇、促进血液循环、降血脂等功效。

草莓 Strawberry

草莓的品种较多，目前多为大棚种植。草莓含有多种维生素，尤以维生素 C 的含量最高，有保护视力、缓解夜盲症、促进消化代谢的作用。

越 南 春 卷

黄 油 大 蒜 炒 蛤 蜊

草 莓 奶 昔

谷雨时节，以蛤蜊、生菜、草莓三种食材，烹制出三道菜品：
黄油大蒜炒蛤蜊、越南春卷和草莓奶昔。

俗话说"谷雨前后杂鱼多"，此时正是海鲜肉质鲜嫩肥
厚，大量上市的时节，其中蛤蜊是比较常见的海鲜之一。
使用黄油、大蒜烹制蛤蜊，蒜香被恰到好处地激发，搭
配肥厚的蛤蜊肉，入口便是浓厚的鲜香，非常开胃。越
南春卷是一道制作简单的小吃，不同于中式的油炸春卷，
越南春卷以清爽著称，使用略透明的米纸包裹新鲜时蔬
制成，食用时蘸取味道浓厚的酱汁丰富口感，饱腹的同
时也能减少饮食负担。用草莓和香蕉做出的奶昔，口感
顺滑，简单又美味，最宜解腻。

料理人 PROFILE
弥张
美食摄影师，生于北京的"80后"，
演奏中国古典音乐 20 余年，后受到
Jamie Oliver（杰米·奥利弗）影响开
始下厨，并用镜头记录味蕾的美妙。

*Fried Clams with Butter
And Garlic*

黄油大蒜炒蛤蜊

Time 30min   Feed 2

食材

蛤蜊	1 千克	柠檬汁	1 汤匙
黄油	20 克	欧芹或香菜	少许
大蒜	2 瓣	海盐	适量
白葡萄酒	100 毫升	黑胡椒	适量
红辣椒	3 个		

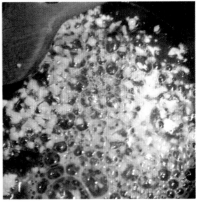

做法

① 让蛤蜊充分吐沙洗净,红辣椒、香菜和大蒜切碎待用。

② 中温加热煎锅,放入黄油,待其融化后放入蒜碎炒至
上色,倒入蛤蜊、白葡萄酒和红辣椒,加盖,中低火
煮至蛤蜊开口。

③ 最后淋入柠檬汁,撒一把香菜碎,加海盐和黑胡椒调
味,搅拌均匀即可装盘。

Vietnamese Spring Rolls

越南春卷

Time 90min   Feed 3~4

食材

虾	350 克	黄瓜	1/2 根
干粉丝	50 克	紫甘蓝	1/4 个
越南春卷米皮	12 张	黄彩椒	1/2 个
大叶生菜	6 片	红彩椒	1/2 个
胡萝卜	1 根	薄荷	适量

酱料

花生酱	2 汤匙	是拉差辣椒酱	1 茶匙
海鲜酱	4 汤匙	(Sriracha)	
热水	5 汤匙		

做法

① 制作酱料：将花生酱、海鲜酱、辣椒酱和水放入锅中，小火煮沸，其间不断搅拌，待酱顺滑后，盛出待用。

② 生菜撕成大块，其他蔬菜洗净切成细丝，虾去虾线后用热水焯熟，放凉后去皮沿虾脊片成两半。

③ 粉丝煮熟，放入冷水中浸泡两分钟，沥干待用。

④ 将米皮用温水浸湿后，快速摊平，将馅料依次置于米皮上，两侧向内折，再顺着蔬菜丝的方向卷起。食用时蘸取调好的酱料即可。

Strawberry Milkshake

草莓奶昔

Time 10min   Feed 4

食材

新鲜草莓	400 克	冰块	80 克
香蕉	1 根	薄荷	适量
牛奶	250 毫升		

做法

① 草莓洗净去蒂，香蕉去皮切成小块。

② 将所有食材放入搅拌机中，混合至口感细腻即可。（可根据实际情况，调整牛奶和冰块的用量。）

常见春季食材

○ 春笋
○ 芹菜
○ 小葱
○ 绿豆芽
○ 莴笋
○ 豌豆苗
○ 蒜苔
○ 茼蒿
○ 梨
○ 芦笋
○ 香椿
○ 樱桃萝卜
○ 花椰菜
○ 黄瓜花
○ 枇杷
○ 蛤蜊
○ 生菜
○ 草莓
○ 韭菜

○ 韭黄
○ 马兰头
○ 洋葱
○ 荷兰豆
○ 竹笋
○ 螺蛳
○ 蚕豆
○ 香菜
○ 牡蛎
○ 上海青
○ 蒲公英
○ 马齿苋
○ 蕨菜
○ 野艾蒿
○ 鸭儿芹
○ 水芹菜
○ 榆钱
○ 折耳根

Chapter .2
Summer　夏

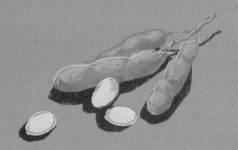

夏 Summer

立夏
the Beginning of Summer

时间：5月5日—5月7日

三候：蝼蝈鸣；蚯蚓出；王瓜生。

◯ 立夏是二十四节气的第 7 个节气，也是夏季的第 1 个节气。同立春、立秋、立冬一样，都是标志着季节开始的节气。自此，正式进入夏天。

茭白 Wild Rice Stem

夏秋季时蔬，目前仅有中国和越南将其作为蔬菜种植。茭白富含蛋白质、脂肪及多种维生素，有延缓人体老化、促进肠道蠕动等功效。

茭白含有较多的草酸，若生食须先焯水，如果炒食，则无须这一步骤。

小龙虾 Crayfish

立夏是小龙虾盛期的开始。小龙虾肉质松软，蛋白质含量较高，富含各种微量元素，镁含量较多，有助于保护心血管系统，减少血液中的胆固醇含量，防止动脉硬化。另外，小龙虾中含有的虾青素也具有较强的抗氧化性。

因为小龙虾本身的抗污染性强，能够生活在水体污染较重的区域，因此虾体内的重金属含量较高，所以，食用小龙虾之前，一定要彻底清洗干净，去掉虾线和位于头部的胃囊。

章鱼足 Octopus Foot

市场上的章鱼足一般都为熟冻产品，肉质耐嚼，口感鲜甜，富含蛋白质、天然牛磺酸、矿物质等营养物质，具有抗疲劳、抗衰老等功效。

茭白青椒炒蚕豆

麻辣小龙虾

姜味章鱼足拌黄瓜

立夏之时，以茭白、小龙虾、章鱼足三种食材，烹制出三道菜品：茭白青椒炒蚕豆、麻辣小龙虾、姜味章鱼足拌黄瓜。

此时，茭白饱满、鲜嫩，入口爽脆，搭配青椒和蚕豆，旺火快炒，最宜下饭。立夏尝鲜是多地的习俗，小龙虾正值上市，虾肉虽未达到最肥，但口感鲜嫩。制作麻辣小龙虾的方法有很多种，使用郫县豆瓣酱炒食，算是简单入味的做法之一。入夏炎热，不如招呼三两好友，来一盘麻辣小龙虾，小酌一番。章鱼足是日本料理中最常见的海鲜食材，入口耐嚼有弹性，搭配黄瓜拌食，加入少许姜碎，最宜解腻。

料理人 PROFILE

食帖编辑部
一个探讨"有关食物的生活方式"的内容品牌。围绕食物这一议题，重新思考人类的生存基础，与用户一起构建高品质的理想生活方式。

Stir-fried Wild Rice Stem and Green Pepper and Horsebean

茭白青椒炒蚕豆

Time 15min　　Feed 2

食材

茭白	2 根	**蚝油**	1 茶匙
青椒	1 个	**糖**	少许
蚕豆	1 小碗	**白胡椒粉**	少许
盐	少许		

做法

① 茭白、青椒切丝，蚕豆洗净待用。

② 蚕豆在盐水中焯 1 分钟后捞出，放凉后去皮沥干待用。

③ 热锅倒入适量油，放入青椒，快速翻炒约 2 分钟，倒入茭白丝、蚕豆、1 茶匙蚝油和少许糖，继续翻炒至出香，出锅前倒入盐和少许白胡椒粉调味即可。

Spicy Crayfish

麻辣小龙虾

Time 60min　　Feed 2

食材

小龙虾	500 克	八角	1 个
花椒	50 克	小茴香	适量
干辣椒	80 克	郫县豆瓣酱	适量
大葱	1 段	水	适量
大蒜	3 瓣	酱油	1 茶匙
姜片	3 片	白糖	1 茶匙

做法

① 小龙虾清洗干净，剪掉胃部，去除虾线后待用。

② 葱切段，大蒜切片待用。

③ 清水煮小龙虾至水沸腾，捞出小龙虾后留一部分水。

④ 起油锅，倒入葱、姜、蒜、花椒和干辣椒爆香后，再放入八角、小茴香、郫县豆瓣酱，翻炒约 1 分钟至出红油。

⑤ 倒入小龙虾，调入酱油和糖，不断翻炒约 2 分钟至小龙虾蜷曲变色，淋入适量煮虾的水，加盖焖约 10 分钟后，大火收汁即可。

Octopus Foot with Cucumber
and Ginger

姜味章鱼足拌黄瓜

Time 20min   Feed 2

食材

熟冻章鱼足	100 克	芝麻油	1 茶匙
黄瓜	1 根	白芝麻	2 茶匙
糖	1 茶匙	生姜碎	1/2 茶匙
酱油	3 茶匙	盐	少许
醋	2 茶匙		

做法

① 将糖、酱油、醋、芝麻油、白芝麻、生姜碎、盐混合成酱汁。

② 黄瓜清洗净切块，将章鱼足洗净，放入开水煮约 5 分钟，捞出后切块，与黄瓜一同淋上酱汁，混合拌匀后装盘即可。

夏 Summer

小满

Lesser Fullness of Grain

时间：5月20—5月22日

三候：苦菜秀；靡草死；秋麦至。

○ 小满是二十四节气中的第 8 个节气，也是夏季的第 2 个节气。小满之时，夏熟作物的籽粒开始灌浆饱满，但还未成熟。此时，气候复杂多样，降水增多，多有暴雨、雷雨、冰雹等复杂天气状况发生，之后则会迎来夏季闷热天气。

豌豆 Pea

多炒食、凉拌或同米饭一起焖煮。豌豆富含铜、铬等微量元素，其中铜有利于造血及骨骼和大脑的发育，铬则有利于糖和脂肪的代谢。常食豌豆，还可促进肠道蠕动。

四季豆 Green Bean

又称芸豆、芸扁豆、豆角。四季豆中含有皂甙和植物血球凝集素，会引发食物中毒，因此烹制前须用清水浸泡20分钟，之后进行长时间的烹煮。

常食四季豆，可防止胆固醇过高，其富含的钾、镁等营养物质，有助于保护心脏。

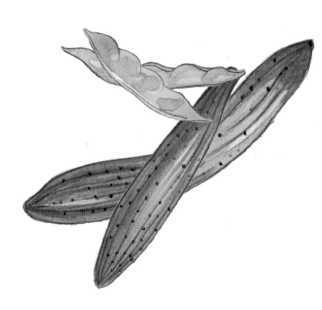

小黄瓜 Cucumber

个头较小，表面无刺，口感爽脆，既可当作水果也可当作蔬菜。小黄瓜富含大量的维生素 E，有抗氧化的作用。

豌豆辣炒牛肉粒

盐煮四季豆

小黄瓜味噌紫苏卷

小满时节，可以用豌豆、四季豆、小黄瓜三种食材，烹制三道菜品：豌豆辣炒牛肉粒、盐煮四季豆、小黄瓜味噌紫苏卷。

豌豆同牛肉荤素炒食，口味较重，最宜下饭。盐煮四季豆则是一道小食，口味清淡，可搭配美乃滋和水煮蛋食用。小黄瓜味噌紫苏卷是一道偏日式口味的菜品，紫苏味道特殊，同酱料一起搭配黄瓜食用，清新爽口。小满之时如果嘴馋，轻食是上佳的选择。

料理人 PROFILE

河马

本名陈超，因为十分喜欢河马这种动物而自称"河马"。热爱做饭和收集食器，时常在家宴请朋友。

豌豆辣炒牛肉粒

Time 30min   Feed 2~3

食材

豌豆粒	1 小碗	生抽	1 茶匙
牛里脊	250 克	黄酒	1 茶匙
小米椒	5 个	生粉	1 茶匙
大蒜	2 瓣	食用油	适量
生姜	2 片	海盐	少许
白糖	1/2 茶匙		

做法

① 牛肉切小粒，加白糖腌制 10 分钟，再加入姜片、生抽、黄酒、生粉和少许水抓匀，继续腌制 15 分钟，开炒前加一小勺生抽拌匀待用。

② 大蒜切小片，小米椒切小圈，豌豆焯水断生。

③ 锅里放适量油，温油入牛肉粒炒至六分熟时，依次放入蒜片、辣椒圈和豌豆粒，加盐调味，快炒起锅即可。

*Boiled Green Beans
with Salt Water*

盐煮四季豆

Time 10min   Feed 1~2

食材

四季豆	约 10 根	海盐	少许
美乃滋	2 汤匙	鸡蛋	1 个
蒜蓉	少许	海苔酱	少许

做法

① 四季豆去蒂，用盐水煮熟，沥干水分，切成适口大小。

② 将美乃滋、蒜蓉混合拌匀做成蘸酱，与四季豆一起摆
　盘即可。食用时可搭配水煮蛋佐海苔酱，丰富口感。

*Cucumber Purple Perilla Polls
with Miso*

小黄瓜味噌紫苏卷

Time 10min　　Feed 2

食材

小黄瓜	2 根	酸梅酱	1 茶匙
紫苏叶	8 片	砂糖	1/2 茶匙
味噌	2 茶匙	熟白芝麻	1/2 茶匙

做法

① 将小黄瓜纵切成四等分的条状。

② 将味噌、酸梅酱、砂糖、白芝麻放在一起搅拌均匀，
　 涂抹在紫苏叶的一面，将小黄瓜卷起即可。

夏 Summer

芒种

Grain in Beard

时间：6月5日—6月7日

三候：螳螂生；鹏始鸣；反舌无声。

○芒种是二十四节气的第 9 个节气，意味着仲夏时节的正式开始。所谓『芒种』，指的是『有芒的麦子快收，有芒的稻子可种』。此时，华南地区的梅雨季即将结束，而长江中下游地区开始进入梅雨季。

三文鱼 Salmon

三文鱼又称鲑鱼，富含蛋白质、Omega-3（一组多元不饱和脂肪酸）、维生素 D 和胆固醇，有助于预防心血管疾病、降低血脂含量、补充维生素。

樱桃番茄 Cherry Tomato

樱桃番茄既可作为水果食用，也可作为蔬菜食用。多食樱桃番茄，有助于增进食欲，其含有丰富的谷胱甘肽和番茄红素等物质，能够增强人体的抵抗力，保护视力等。

丝瓜 Sponge Cucumber

夏秋时蔬，其含有的 B 族维生素可防止皮肤老化，维生素 C 可增白皮肤。但是，丝瓜含有生物碱糖苷，如储存不当发生变质，就会导致中毒，所以丝瓜一旦出现苦味，则一定不能食用。

三文鱼南蛮渍

丝瓜鸡茸粥

樱桃番茄培根串

芒种时节，用三文鱼、樱桃番茄、丝瓜三种时令食材烹制出三道菜品：三文鱼南蛮渍、樱桃番茄培根串、丝瓜鸡茸粥。

三文鱼油炸后使用南蛮醋腌渍，入味解油腻，最宜下饭。樱桃番茄培根串是比较常见的日式小食，番茄经过烘烤之后，表皮开裂，酸甜口味更加突出，搭配培根食用，最宜开胃。以两道日式小菜搭配一碗丝瓜鸡茸粥，解腻又饱腹。

料理人 PROFILE
吴飞
常居北京，"日常味"主理人，设计师，摄影师。

Fried Salmon with
Nanban Vinegar Sauce

三文鱼南蛮渍

Time 60min   Feed 2

食材

三文鱼	1 块	烧酒	1 汤匙
蟹味菇	适量	米醋	3 汤匙
低筋粉	2 汤匙	淡口酱油	1 汤匙
玉米淀粉	1 汤匙	水	1 汤匙
葱白	少许	白砂糖	1 茶匙
红辣椒	2 个		

做法

① 三文鱼切大块，用烧酒和少许盐腌制 1 分钟。

② 制作南蛮醋汁。将米醋、淡口酱油、白砂糖、水混合，用锅煮沸，倒入容器待用。

③ 锅底倒入宽油，待油温加热至 180℃左右时，放入蟹味菇炸 30 秒，捞出后用厨房纸吸油，放入南蛮醋汁中。

④ 用低筋粉、玉米淀粉和水混合调成较稀的面糊，将三文鱼挂一层面糊，下锅炸 1 分钟，捞出后用厨房用纸吸油，放入南蛮醋汁中，一起腌渍 15 ～ 30 分钟，最后用红辣椒和葱白点缀即可。

TIPS

南蛮渍（南蛮漬け）：用糖醋（甘酢）、葱和辣椒（南蛮辛子）作为腌渍料的日式料理腌制方法。

樱桃番茄培根串

Time 20min   Feed 2

食材

| 樱桃番茄 | 9 个 | 黑胡椒 | 少许 |
| 培根 | 4 片 | | |

做法

① 培根切成两段，撒适量黑胡椒。

② 用培根将樱桃番茄卷起，3 个一组，用浸过水的竹签串起。

③ 放入烤箱以 200℃烘烤约 8 分钟，翻面后再烤 2 分钟即可。

Sponge Cucumber Congee
with Shredded Chicken

丝瓜鸡茸粥

Time 40min   Feed 2

食材

大米	100 克	丝瓜	半根
糯米	50 克	酱油	少许
鸡胸肉	1 块	盐	少许

做法

① 鸡胸肉洗净，剁成蓉状，用酱油腌制 5 分钟；丝瓜去皮切丁。

② 大米和糯米混合煮粥，至七分熟时，放入鸡茸和丝瓜，再煮 5～10 分钟，加入少许盐调味即可。

夏 Summer

夏至
the Summer Solstice

时间：6月20日—6月22日

三候：鹿角解；蝉始鸣；半夏生。

○ 夏至时，太阳几乎直射北回归线，北半球昼长夜短，北极圈以北的地区出现极昼现象。之后，太阳直射点南移，北半球白昼逐渐变短。夏至时北方气温变高，进入伏天，雨水增多，植物生长迅速。

马铃薯 Potato

马铃薯被称为"第二主食"，富含维生素、优质蛋白质和大量的淀粉。马铃薯在发芽后可产生有毒生物碱——龙葵素，这种生物碱遇到酸易分解，因此制作马铃薯时最好搭配适量食醋。

苋菜 Amaranth

苋菜属于夏季时蔬，口感鲜嫩软滑，一般用来炒食或凉拌。苋菜的铁和钙的含量高于菠菜，因此非常适合有贫血症状的人群食用。

樱桃 Cherry

樱桃的铁含量特别高，有助于缓解贫血症状，同时有淡化色斑的功效。

迷迭香烤马铃薯

樱桃苏打水

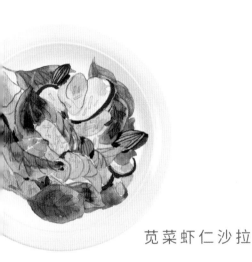

苋菜虾仁沙拉

料理人 PROFILE

李若帆

"失物招领"创始人及主理人、工艺展览策划人，长期
深耕于家具及生活工艺领域，著有《装得下生活的器物》
一书。

夏至之时，以马铃薯、苋菜、樱桃三种食材，烹制出三
道菜品：迷迭香烤马铃薯、苋菜虾仁沙拉、樱桃苏打水。

闷热的夏天，胃口自然不比春秋季节，此次准备的三道
轻食中，烤马铃薯极易饱腹，且富含多种营养成分。苋
菜是鲜蔬中的佼佼者，清火减肥，十分适合夏季食用。
而被誉为"生命之果"的樱桃此时也正酸甜可口，搭配
苏打水做成简单的饮品，清爽解暑。

Roast Potatoes with
Rosemary

迷迭香烤马铃薯

Time 35min　　Feed 2

食材

马铃薯	300 克	**大蒜**	3 瓣
橄榄油	50 毫升	**盐**	少许
迷迭香	2 枝	**黑胡椒**	少许
鲜欧芹	1 根		

做法

① 马铃薯洗净，留皮切厚片，用厨房纸擦干水分，放入
　食品袋中。（如将马铃薯切块，则需适当增加烘烤时
　间。）

② 食品袋中加入橄榄油、迷迭香和少许盐，将袋口封紧，
　轻揉食品袋使食材与调料混合均匀。

③ 烤箱预热 10 分钟，将马铃薯码在铺好锡纸的烤盘中，
　设定 220℃烘烤 20 分钟，翻面后，以 200℃再烘烤 5
　分钟，然后取出。

④ 在马铃薯上淋少许橄榄油增香，用鲜欧芹碎装饰即可。

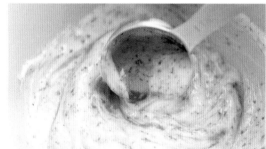

Amaranth Shrimp Salad

苋菜虾仁沙拉

Time 20min   Feed 2

食材

苋菜	150 克	黄芥末酱	2 汤匙
虾仁	10 克	帕尔马干酪	适量
樱桃萝卜	3 个	扁桃仁	少许
杧果	半个	橄榄油	少许
洋葱	半个	盐	少许
蜂蜜	1 汤匙		

做法

① 苋菜去梗留叶，樱桃萝卜切薄片，杧果切小块，洋葱切丝。

② 锅底放少许橄榄油，煸炒洋葱至稍软，放入虾仁快炒，用少许盐调味，出锅晾凉。

③ 将蜂蜜与黄芥末酱混合成酱汁。

④ 将所有食材放入大碗，淋酱汁拌匀，最后用扁桃仁碎和帕尔马干酪碎点缀即可。

樱桃苏打水

Time 20min   Feed 2

食材

樱桃	150 克	柠檬	2 块
砂糖	1 汤匙	冰块	适量
水	2 汤匙	薄荷叶	少许
苏打水	500 毫升		

做法

① 制作樱桃糖浆：樱桃去核切碎，与砂糖、清水一起小火熬煮 10 分钟至浓稠，静置晾凉。

② 杯中依次加入适量樱桃糖浆、冰块、苏打水、柠檬汁，搅拌均匀，再用柠檬和薄荷叶装饰即可。

夏 Summer

小暑

Lesser Heat

时间：7月6日—7月8日

三候：温风至；蟋蟀居辟；鹰乃学习。

○小暑是二十四节气中的第 11 个节气，标志着出梅和入伏。俗语云：「小暑大暑，上蒸下煮。」此时虽然天气炎热，但还没到最热的时候。

茄子 Eggplant

一般分为长形和圆形两个品种。食用茄子最好不要去皮，因为外皮中含有强健血管的营养物质，同时含有较多的果胶和类黄酮。类黄酮拥有较强的抗氧化、抗炎症和抗病毒功效。

苦瓜 Bitter Melon

夏季时蔬，味极苦，一般用来荤素炒食或者凉拌。食用苦瓜，有增强皮肤活力、降低血糖等作用。

毛豆 Green Soybean

毛豆即新鲜带荚的黄豆，晒干后则称为"大豆"，一般直接用盐水煮食。毛豆的纤维含量十分丰富，甚至超过了芹菜秆。食用毛豆，有利于促进肠道蠕动，还能降低血压和胆固醇含量。

双椒擂茄子

豆豉鲮鱼炒苦瓜

毛豆樱虾饭

料理人 PROFILE

白昀泽 & 李芳园
白昀泽，人称老白，漆器手作者，迷恋老器物的收藏者。大学时开始接触大漆，学习古器物鉴赏和修复。作为漆器手作者，创作时最让老白欣喜的是使用者能够感受到因一件器物而带来的微小变化。

李芳园，生活道具店"土气"店主，漆器手作者。同先生老白一样，两人均毕业于北京工业大学的工艺美术专业，共同度过 4 年的工艺之旅。2012 年他们创立漆工作室"丘壑庐"，2013 年开始经营"土气"。

小暑之时，以茄子、苦瓜、毛豆三种食材，烹制出三道菜品：双椒擂茄子、豆豉鲮鱼炒苦瓜、毛豆樱虾饭。

因为天气炎热，很多人不思茶饭，患上"苦夏"之症，此时最适合食用凉性的茄子，搭配杭椒和红辣椒，非常下饭。苦瓜味苦，搭配豆豉鲮鱼，去苦开胃。"夏气热，宜食菽"，"菽"就是"豆"，盐水煮毛豆无疑是夏季最常见的轻食之一，同樱虾合煮一锅日式米饭，口感鲜香清爽。

Smashed Eggplants with
Smashed Chill Sauce

双椒擂茄子

Time 30min   Feed 3~4

食材

茄子	2 根	白醋	1 茶匙
杭椒	5 个	芝麻油	1 茶匙
红辣椒	1 个	白糖	1/2 茶匙
大蒜	2 瓣	熟白芝麻	少许
香菜	1 小把	盐	少许
生抽	1 茶匙		

做法

① 茄子洗净去皮，切成条状，入锅蒸 15 分钟至软烂，放入大碗中待用。

② 杭椒与红辣椒去蒂去籽，切成圈。

③ 两种辣椒圈用少量油爆香，并用生抽、白醋、芝麻油混合成酱汁。

④ 大蒜切碎，与茄子、辣椒、酱汁一起捣匀入味，用香菜和白芝麻点缀，最后根据个人口味加少许盐调整咸淡。

Stir-fried Bitter Melon with Mud Carp
and Fermented Soybean

豆豉鲮鱼炒苦瓜

Time 20min   Feed 2

食材

苦瓜	1 个	白糖	少许
豆豉鲮鱼罐头	1/2 盒	盐	少许
大蒜	2 瓣		

做法

① 大蒜切片，苦瓜洗净切开去瓤，斜切薄片后用盐水焯水 1 分钟，去除苦味，捞出过凉水待用。

② 将豆豉鲮鱼罐头中的豆豉和鲮鱼分开，鲮鱼掰成小块。

③ 起油锅，爆香蒜片和豆豉，依次放入苦瓜片和鲮鱼大火快炒，加少许糖和盐调味即可。

Rice with Red Cherry Shrimp
and Green Soybean

毛豆樱虾饭

Time 55min   Feed 2~3

食材

大米	100 克	橄榄油	1 茶匙
大麦	100 克	清酒	1 汤匙
樱花虾干	20 克	清水	350 毫升
毛豆	适量	盐	少许

做法

① 大米和大麦洗净，在水中浸泡至少 30 分钟。

② 砂锅底部刷一层橄榄油，倒入大米、大麦、盐、清酒和水并搅拌均匀，撒一层樱花虾干。

③ 开大火煮沸见水蒸气后，转小火焖煮约 20 分钟关火。

○ 大暑大雨，百日见霜。大暑是二十四节气的第 12 个节气，是此时正值中伏前后，我国大部分地区都处于一年中最热的时期，气候闷热，常伴雷雨天气。

豇豆 Cowpea

俗称"豆角"，属于夏季时蔬。豇豆主要分为长豇豆和饭豇两种，长豇豆呈长条状，饭豇呈扁平的豆荚状。在麻酱乌冬凉面中使用的是就长豇豆，它含有大量的植物纤维，有促进消化代谢的作用。一般常用作汤食或者荤素炒食。

青虾 Shrimp

属于淡水虾，盛期为每年 6－7 月。青虾肉质鲜甜，含有丰富的镁，有利于保护心血管系统，减少血液的胆固醇含量。

番茄 Tomato

夏季时蔬，食用时间可以持续到秋天。番茄富含多种有机酸，能够促进消化，其所含有的番茄红素，能够预防心血管疾病的发生。

番茄可以生食，也可炒食，生食能够补充维生素 C，吃熟的可以补充抗氧化剂。

麻酱乌冬凉面

香蕉炸虾

糖汁冰镇番茄

料理人 PROFILE
易筱
"观品"茶食店创始人，广告人出身，
后因对烘焙产生了兴趣，于2013年
和先生彭德勒开设了"观品"茶食店，
主打口味清爽的中式茶点。

大暑时，以豇豆、青虾、番茄三种食材，烹制出三道菜品：
麻酱乌冬凉面、香蕉炸虾、糖汁冰镇番茄。

凉面同麻酱、豇豆拌食，香而不腻，凉爽开胃，最宜夏
季食用。青虾富含优质蛋白，且容易消化，搭配香蕉油
炸，入口微脆，咬开后，香蕉甜腻的香味迅速充斥口腔，
消解了虾仁的腥味，还可以减少油脂口感。在冰镇番茄
上淋适量糖浆，酸甜爽口，天热的时候，可作饭后甜点。

*Cold Udon with
Sesame Sauce*

麻酱乌冬凉面

Time 25min   Feed 1~2

食材

乌冬面	2 人份	砂糖	半茶匙
肥牛片	适量	盐	少许
豇豆	适量	辣椒油	适量
芝麻酱	3 汤匙	高汤（或清水）	适量
淡口酱油	1 汤匙	葱、姜	少许
清酒	1 汤匙	樱桃番茄	2 个

做法

① 滚水下乌冬面煮熟，置于冰水中冷却待用。

② 芝麻酱、淡口酱油、清酒、高汤、辣椒油、盐和砂糖
混合调成酱汁待用。

③ 起锅倒水，放入葱姜，肥牛片氽烫片刻，捞出待用。

④ 豇豆切段，入沸水焯 1 ～ 2 分钟捞出，斜切一刀待用。

⑤ 将所有食材码在乌冬面上，淋上酱汁，点缀葱花即可。

*Deep Fried Shrimp
and Banana*

香蕉炸虾

Time 25min　　Feed 2

食材

青虾	8 只	味啉	1 茶匙
香蕉	半根	玉米淀粉	适量
芦笋	适量	美乃滋	少许
酱油	1 茶匙	黑胡椒粉	少许

做法

① 青虾剥壳留尾，去除虾线。

② 酱油与味啉混合，与虾混合抓匀，腌制 5 分钟。

③ 香蕉切小条，裹于虾腹部，用牙签固定，再裹上一层薄淀粉。

④ 起锅倒油，中等油温炸虾约 3 分钟。

⑤ 芦笋稍微过油炸后切段，与炸虾装盘，即可搭配美乃滋、黑胡椒粉食用。

Iced Tomato with
Maple Syrup

糖汁冰镇番茄

Time 35min   Feed 2

食材

番茄	2 个	任意新鲜香草	少许
枫糖浆	1 汤匙	柠檬皮	少许
香草精	2 滴		

做法

① 番茄整颗洗净，放入加盐的沸水中煮约 30 秒，至表皮脱落后捞出。

② 将剥掉表皮的番茄晾凉，放入密封盒中冷冻 30 分钟。

③ 将枫糖浆与香草精混合调成糖汁（可加少许水调整浓稠度）。

④ 取出冰镇后的番茄，淋上糖汁，用任意香草点缀，最后撒少许柠檬皮碎即可。

常见夏季食材

○ 茭白
○ 小龙虾
○ 章鱼足
○ 豌豆
○ 四季豆
○ 小黄瓜
○ 三文鱼
○ 樱桃番茄
○ 丝瓜
○ 马铃薯
○ 苋菜
○ 樱桃
○ 茄子
○ 苦瓜
○ 毛豆
○ 豇豆
○ 青虾
○ 番茄
○ 杏
○ 桃子
○ 李子
○ 杜果
○ 红毛丹
○ 荔枝

○ 山竹
○ 蓝莓
○ 树莓
○ 桑葚
○ 西瓜
○ 梅子
○ 百香果
○ 木瓜
○ 甜瓜
○ 花生
○ 火龙果
○ 杨梅
○ 榴梿
○ 葫芦
○ 西葫芦
○ 大蒜
○ 花生
○ 蚕豆
○ 青椒
○ 彩椒
○ 朝天椒
○ 空心菜
○ 生姜

Chapter .3
Autumn　秋

秋 Autumn

立秋
the Beginning of Autumn

时间：8月7日—8月9日

三候：凉风至，白露降，寒蝉鸣。

○ 立秋是二十四节气的第 13 个节气，预示着秋天的来临。此时，气温虽略有降低，但是『秋老虎』仍在，常有天气闷热、秋雨连绵的气候。

『秋老虎』在气象学上是指三伏出伏（8 月—9 月）以后短期回热（气温在 35℃以上）的天气，特征为早晚清凉，午后高温暴晒。

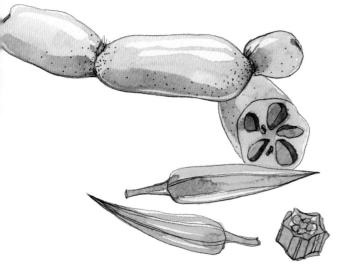

莲藕 Lotus Root

口感脆甜，既可生食也可炒食。秋季气候干燥，最适合食用莲藕，因为莲藕有清热润燥的作用，可以降低季节更替给人体带来的损伤。同时，莲藕有助于促进消化，且有祛痰止咳的效果，因此在空气质量差的时候，适合吃莲藕。

秋葵 Okra

秋葵是近几年市场上的热门蔬菜，口感爽脆多汁，食用方式多样，可凉拌、炒食、做汤菜等，在食用前，需要用沸水稍微焯一下，以去涩感。

秋葵含有多种维生素和蛋白质，有保护肠胃、补钙护肝、抗衰老、抗疲劳、辅助减肥等作用。

冬瓜 Wax Gourd

冬瓜成熟之时，表皮会有一层白粉浮现，因此得名"冬瓜"，成熟期从每年的 8 月一直持续到 10 月。冬瓜富含维生素 C，且钾盐含量较高，钠盐含量较低，因此比较适合患有高血压、肾脏病、浮肿病的人群食用。冬瓜热量低且不含脂肪，可以作为减肥期间的辅食。

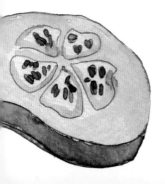

106 | 立秋

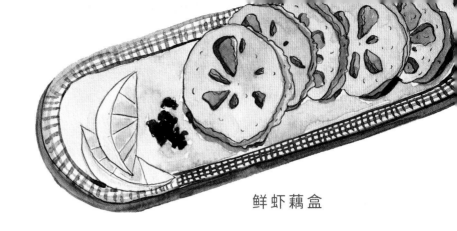

鲜虾藕盒

秋葵奴豆腐

鸡肉冬瓜味噌汤

料理人 PROFILE

青山周平
日本建筑师，现居北京，B.L.U.E. 建
筑设计事务所主持建筑师、北方工业
大学建筑与艺术学院讲师。

立秋之时，以莲藕、秋葵、冬瓜三种食材，烹制出三道菜品：
鲜虾藕盒、秋葵奴豆腐、鸡肉冬瓜味噌汤。

鲜虾藕盒入口香脆，藕片可以解腻，最宜饱腹。奴豆腐就是
凉拌豆腐，搭配柴鱼片和秋葵等食材，是日本最常见的家常
小菜，爽口开胃。冬瓜性凉驱暑，与鸡肉一同煮汤，入口清淡，
回味鲜香，最宜配菜。

Deep Fried Lotus Roots
with Shrimps

鲜虾藕盒

Time 45min   Feed 2

食材

鲜藕	2 节	啤酒	50 毫升
虾仁	250 克	料酒	1 汤匙
马蹄	5 个	酱油	1 茶匙
面粉	200 克	盐	1 茶匙
鸡蛋	4 个	椒盐	少许
姜	30 克		

做法

① 准备好所有食材，将蛋清打散，加入面粉，一边慢慢倒入啤酒一边搅匀，至面糊挑起呈自然滴落状为止。

② 莲藕去皮，切成半厘米厚的圆片，以每两片为一组，一端不要完全切断，呈书页状。

③ 虾仁洗净后沥干水分，剁成虾泥，加入姜蓉、料酒、酱油和盐，腌制 10 分钟，再加入马蹄搅拌均匀。

④ 在藕盒中间塞满馅料，压紧，使藕孔中充满馅料而不松散。

⑤ 将藕盒放入调好的面糊中蘸一下，使其表面均匀裹上一层面糊，在油温六成热时下锅，炸至两面金黄时捞出，撒少许椒盐提味即可。

TIPS

啤酒面糊作用：啤酒受热发酵，可以使炸物口感更加松脆。

Okra Tofu

秋葵奴豆腐

Time 10min   Feed 2

食材

秋葵	4 个	海苔	2 片
韧豆腐	1 盒	柠檬	1 个
日式淡口酱油	1 茶匙	柴鱼片	少许
米醋	1 茶匙	盐	少许
蜂蜜	1 茶匙		

做法

① 用盐搓洗秋葵表面，洗净后放入加盐的沸水中煮 30 秒，捞出过冷水，切片。

② 将淡口酱油、米醋、蜂蜜均匀调成酱汁。

③ 切一大块韧豆腐摆在盘中，码放秋葵，淋上酱汁，点缀海苔丝和柴鱼片，吃前淋少许酸柑汁风味更佳。

TIPS

秋葵虽然可以生吃，但是焯水可以减少秋葵表面的涩感，使口感更加脆嫩。

Chicken Soup
with Wax Gourd

鸡肉冬瓜味噌汤

Time 30min   Feed 2

食材

冬瓜	1 块	芝麻油	1/2 茶匙
鸡胸肉	1/2 块	水	400 毫升
姜	2 片	香葱	少许
白味噌	1 汤匙	黑胡椒	少许
葱白	2 段	盐	少许
清酒（或烧酒）	1 汤匙		

做法

① 鸡胸肉切薄片，加入姜蓉、芝麻油和少许盐，腌制 5 分钟。

② 冬瓜去皮去籽，切成半厘米厚的片状。

③ 锅中倒入 400 毫升水煮沸，加入葱白、姜片、冬瓜，小火煮 15 分钟。

④ 转中火，放入鸡肉片，沸腾后用滤勺撇去浮沫，加入清酒和白味噌，开盖煮 5 分钟关火，盛碗后点缀少许香葱和黑胡椒即可。

处暑
the End of Heat

时间：8月22日—8月24日
三候：鹰乃祭鸟；天地始肃；禾乃登。

○ 处暑是二十四节气的第14个节气，此时正式进入气象意义的秋天，我国长江以北的地区开始经历『一场秋雨一场寒』的气候变化。

玉米 Corn

玉米的营养成分较为全面，且食用方式多样。多食用玉米，有助于降低肠道内致癌物质的浓度，减少结肠癌和直肠癌的发病率，还能促进消化代谢，降低血糖。

鸭肉 Duck

鸭肉富含B族维生素和维生素E，因此能够有效地抗衰老，减少脚气病和多种炎症的患病率。
鸭肉烹制方式多样，一般肉质较嫩的鸭子适合短时间的爆、炒、炸，老鸭则适合用文火长时间烹制。

南瓜 Pumpkin

原产自墨西哥至中美洲一带，于明代传入中国。世界各地南瓜的品种繁多，主要分为西洋南瓜、中国南瓜、美国南瓜、黑子南瓜和墨西哥南瓜等，目前市面上最常见的就是中国南瓜。南瓜富含β-胡萝卜素、果胶以及人体所需的多种氨基酸，有保护胃肠黏膜、促进消化和新陈代谢等功效。

玉米排骨汤

台式三杯鸭

日式蒸南瓜

处暑之时，以玉米、鸭肉、南瓜三种食材烹制出三道菜品：玉米排骨汤、台式三杯鸭、日式蒸南瓜。

"处暑吃鸭"是传统，各地吃处暑鸭的方式各不相同，于是出现了白切鸭、柠檬鸭、烤鸭、荷叶鸭、三杯鸭等各具特色的菜式。其中三杯鸭属于闽菜系，制作时，一般选用老麻鸭，肉质紧实且不油腻，辅以各种调味料，入口香而不腻，十分下饭。玉米秋收，食之当季，搭配排骨煮汤，汤汁薄而清透，鲜咸适口，最宜配菜。日式蒸南瓜，制作简单，甜糯清香，搭配两道荤菜，解腻开胃，极易饱腹。

料理人 PROFILE

孟奇

广告创意者、导演，2009 年与朋友创立视频创意制作公司，2014 年与太太 Yvonne（空间设计师）创办了只销售白色物品的"好白商店"。

Pork Ribs
and Corn Soup

玉米排骨汤

Time 115min   Feed 3

食材

排骨	500 克	料酒	1 汤匙
玉米	1 根	白醋	少许
胡萝卜	1 根	盐	少许
姜	3 片		

做法

① 玉米、胡萝卜、排骨分别切块。

② 将排骨块冷水下锅，焯水沥干待用。

③ 炖锅中倒适量水，放入排骨、玉米、姜片、料酒、几滴白醋，大火烧开后转小火。

④ 煮 1 小时后放入胡萝卜，再继续煮 40 分钟，撒少许盐调味即可。

Three Cups
of Duck

台式三杯鸭

Time 60min   Feed 3

食材

鸭	1 只	老抽	20 毫升
葱白	2 段	芝麻油	30 毫升
姜	3 片	甜米酒	50 毫升
指天椒	2 个	冰糖	少许
大蒜	5 瓣	鲜罗勒	少许
生抽	30 毫升		

做法

① 鸭肉切小块，冷水下锅，焯水沥干待用。

② 热锅倒入芝麻油，加葱段、姜片、蒜瓣和切段的指天椒，翻炒出香。

③ 倒入鸭肉、生抽、老抽、甜米酒，火开后转小火，放入冰糖，焖煮 30 分钟，待汤汁减半后转大火收汁。

④ 另起一个砂锅，烧热后倒入收完汁的鸭肉，撒一层罗勒叶，加盖焖 30 秒即可。

Boiled Pumpkin
in Japanese Style

日式蒸南瓜

Time 25min   Feed 3

食材

南瓜	500 克	砂糖	1 茶匙
玉米油	1 汤匙	盐	少许
生抽	1 茶匙		

做法

① 南瓜切开，去瓤去籽，去皮（留少许皮）切块。

② 起锅倒玉米油，放入南瓜翻炒，加入糖继续翻炒，再加入生抽、盐和水，小火焖煮 10 分钟。

③ 翻面后再煮 5 分钟即可。

秋 Autumn

白露

White Dew

时间：9月7日—9月9日

三候：鸿雁来；玄鸟归；群鸟养羞。

○ 白露是二十四节气的第15个节气，此时天气转凉，露凝而白，最为直观的感受就是清晨时，会发现地面和植物叶子上会有很多露珠，而晚上，温度则会有明显的下降，昼夜温差较大。

梭子蟹 Swimming Crab

又称"白蟹"，蟹足较长，壳体呈暗紫色或蓝绿色，表面有青白色云斑，肉质细腻洁白，脂膏肥美，是市面上常见的螃蟹品种之一。

挑选梭子蟹时，可通过观察其腹部判断公母，公蟹"尖脐"，腹部的"盖子"呈长而尖的形状；母蟹"圆脐"，腹部的"盖子"呈圆形。

螃蟹属于高胆固醇、高嘌呤的食物，痛风患者不宜食用。

芋头 Taro

芋头又称"芋艿"，多于秋冬两季食用，属于碱性食物，在我国珠江流域及台湾地区广泛种植。芋头的氟含量较高，有保护牙齿的作用，其含有较多的黏液皂素及多种微量元素，有增进食欲、促进消化的功效。

芋头的黏液容易让皮肤过敏，因此，处理芋头的时候，须戴手套。

白果 Ginkgo

白果是银杏的果实，主要分为药用白果和食用白果。药用白果略带涩味，食用白果的口感较清爽。白果有促进血液循环、预防心脑血管疾病、延缓衰老等功效。

白果的口感略苦，过量食用，容易造成腹泻。

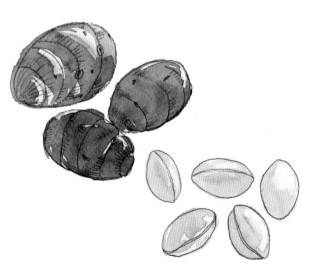

葱姜炒蟹

百合红枣白果羹

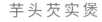
芋头芡实煲

料理人 PROFILE

编号 223

自由摄影师、旅行生活家、独立出版人和写作者，目前
已出版个人摄影作品集《No.223》，旅行图文集《漂
游放荡》。

白露之时，以梭子蟹、芋头、白果三种食材烹制出三道
菜品：葱姜炒蟹、芋头芡实煲、百合红枣白果羹。这三
道菜都是在潮汕菜的基础上，做了些许创新。

"秋风起，蟹儿肥"，此时正是吃蟹的好时节，使用葱
姜蒜简单爆香，混炒切块的螃蟹，蟹黄在热油的激发下，
香味更足，辅以小青辣椒调味，最宜下饭。芋头芡实煲
是极具潮汕风味的菜色，咸香适口，最宜配菜。百合红
枣白果羹是一道中式甜味汤品，使用百合、红枣、白果、
银耳、枸杞这五种食材炖煮而成，添少许糖调味，老少
皆宜。

Stir-fried Crab with Ginger
and Green Onion

葱姜炒蟹

Time 30min   Feed 2

食材

梭子蟹	4 只	油	适量
葱	适量	姜	半块
蒜	适量	盐	少许
小青辣椒	适量		

做法

① 处理螃蟹：把螃蟹开壳处理，蟹身对半切块。

② 葱蒜切片，姜切丝，小青辣椒切丁。

③ 在锅中倒入油，螃蟹下锅翻炒至变色后盛出待用。

④ 在剩余蟹油中加入葱姜蒜和小青辣椒，炒香后倒入
螃蟹，炒熟，加少许盐调味后盛盘。

Taro and Gorgon Fruit Stew

芋头芡实煲

Time 30min　　Feed 2

食材			
芋头	100 克	油	适量
胡萝卜	1 根	盐	适量
香菇	3 个	香菜	适量
芡实	100 克		

做法

① 芡实用水洗净，浸泡一晚。

② 芡实倒入锅中，加入高汤煮沸。

③ 芋头去皮洗净，切大块，胡萝卜削皮，切块，香菇切丁。

④ 热油锅，下入芋头和胡萝卜翻炒后，倒入锅中与芡实一起煮。

⑤ 加入香菇，煮开后转小火，煮至汤汁浓稠后，加入盐调味，出锅后，撒少许香菜点缀即可。

*Soup with Lily Red Jujube
and Ginkgo*

百合红枣白果羹

Time 30min   Feed 2

食材

百合	50 克	银耳	50 克
红枣	10 只	枸杞	10 克
白果	50 克	糖	少量

做法

① 银耳用温水浸泡两小时。白果去壳，用水浸泡除去外层薄膜。

② 百合和红枣洗净，红枣去核。

③ 煲内加清水，银耳放入煲中煮沸，加入白果和红枣，煮沸后加入百合。

④ 用中火煲至百合将熟，加入枸杞，小火煮 5 分钟后，加少量糖即可。

秋 Autumn

秋分

the Autumn Equinox

时间：9月22—9月24日

三候：水始涸；蛰虫坏户；雷始收声。

○ 秋分是二十四节气的第16个节气，因此时阳光几乎直射赤道，此后太阳直射点将逐渐南移，因此，秋分也被称为『降分』。

秋分之时，全球昼夜等长，秋分之后，北半球开始昼短夜长，南半球则昼长夜短，正所谓『秋分者，阴阳相半也，故昼夜均而寒暑平』（引自《春秋繁露·阴阳出入上下篇》）。秋分之时温度适宜，夏虫减少，天气干燥，给人以秋高气爽的感觉。

秋刀鱼 Saury

秋刀鱼是日本料理中最具代表性的秋季食材，产地主要分布于北太平洋地区。顾名思义，秋刀鱼最适合在秋天食用，价格便宜，味道鲜美肥嫩，富含蛋白质和脂肪酸，有抑制高血压、促进大脑发育、预防夜盲症等功效。

栗子 Chestnut

栗子富含维生素C，同时含有大量的淀粉、蛋白质、脂肪、B族维生素，能够提供给人体较多的热量，并促进脂肪代谢。

红薯 Sweet Potato

红薯是碱性食物，富含淀粉、纤维素和多种维生素，其所含的 β-胡萝卜素有抗氧化作用，可以清除人体内的自由基。虽然如今一年四季皆可吃到红薯，但秋季的红薯会格外鲜甜。

香煎秋刀鱼

栗子饭

红薯和果子

料理人 PROFILE

泽田里绘
日本东京人，职业料理人，日本创意
菜老师。

秋分之时，可以用秋刀鱼、栗子、红薯三种时令食材，
烹制出三道菜品：香煎秋刀鱼、栗子饭、红薯和果子。

三道菜都颇具日式风味，香煎秋刀鱼重在鱼肉的腌制，
食用时搭配柠檬，去腥解腻。栗子饭香甜暖胃，搭配一
个红薯和果子食用，饱腹感十足。

Grilled Saury

香煎秋刀鱼

Time 40min   Feed 2

食材

秋刀鱼	1 条	生姜	适量
柠檬	1 个	白酒	适量
酱油	2 汤匙	味啉	适量
砂糖	半勺	面粉	适量
海盐	适量		

做法

① 秋刀鱼开膛，去头、鳃及内脏，切段备用。

② 把鱼段放在生姜末、酱油、味啉、白酒、砂糖、海盐的混合液里腌制 15 分钟。

③ 鱼身两面裹少许面粉，放入八成热的平底锅内，中火煎 2 分钟，左右翻面，再煎 3～4 分钟即可出锅。

④ 装盘后点缀上新鲜柠檬片，可依据个人口味搭配凉菜食用。

Chestnut Rice

栗子饭

Time 100min   Feed 2

食材

去皮栗子	150 克	生抽	1 汤匙
白米	540 克	盐	少许
清酒	2 汤匙	黑白芝麻	少许
高汤	5 汤匙		

做法

① 白米洗净，浸泡 30 分钟。

② 煮一锅滚水，加入去皮栗子煮 15 分钟，捞出沥干后将每颗栗子切成 4 份。

③ 将白米、栗子、清酒、生抽、盐及高汤放入煲内，加入足量水煲熟。

④ 将做好的栗子饭搅拌均匀盛出，撒少许黑白芝麻点缀即可。

Sweet Potato Wagashi

红薯和果子

Time 55min   Feed 2

食材

红薯	150 克	盐	少许
紫薯	100 克	糯米粉	2 汤匙
砂糖	1 勺	黑芝麻	少许

做法

① 红薯、紫薯洗净，去皮切块，分别放入蒸锅中蒸 15 分钟，蒸熟后，分别碾碎成泥。

② 在锅中将红薯和紫薯与砂糖、少量盐、糯米粉边加热边混合拌匀。晾凉后用保鲜膜（或纱布）捏成型。

③ 装盘，撒少许黑芝麻点缀即可。

秋 Autumn

寒露

Cold Dew

时间：10月7日—10月9日

三候：鸿雁来宾；雀入大水为蛤，菊有黄华。

○ 寒露是二十四节气的第17个节气，此时全国大部分地区均已进入秋季。寒露的温度远远低于白露，此时露水开始凝结成霜，甚至可以感受到一点儿冬天的气息。

白萝卜 Turnip

生食或者熟食皆可，味道辛辣，有助于促进肠胃蠕动，增加食欲。白萝卜中含有丰富的维生素 A 和维生素 C，其中叶子的维生素 C 含量是根茎的 4 倍。食用白萝卜可以起到增强人体抵抗力、防止皮肤老化等作用。

蟹味菇 Beech Mushroom

这种蘑菇因本身具有蟹香味，因此得名"蟹味菇"，主要有浅灰色和纯白色两个品种，口感有韧劲，味道鲜美，适合煲汤、凉拌或清炒。

蟹味菇富含多种维生素和氨基酸，有降低胆固醇、抗氧化、促进智力发展等功效。

无花果 Fig

主要生长于温带地区和热带地区，多生食或者用于烘焙。常食无花果，可帮助人体消化食物，增进食欲。无花果含有多种酶，还有降低血脂的作用。

红烧羊排

蟹味菇味噌汤

无花果乳酪

寒露之时，以白萝卜、蟹味菇、无花果三种食材烹制出三道菜品：红烧羊排、蟹味菇味噌汤、无花果乳酪。

羊排搭配白萝卜，使用各种口味较重的大料炖煮，羊肉的膻味基本消失，有比较重的浓油赤酱味，最宜下饭。使用昆布和柴鱼片出汁做的高汤，搭配蟹味菇和豆腐，看似简单，实际上味道很有层次，最宜配菜。无花果乳酪奶香味十足，无花果味道香甜，除了烤制，还可搭配新鲜的时令水果，一次两吃，适合作饭后甜点。

料理人 PROFILE

叮叮酱

原名丁欣晨，本着"为了看到大家吃东西时幸福的表情而努力做着料理"的目的，创立了"叮叮厨房"。美食之外，还是 W22 Studio 影视工作室的创意总监。

Braised Lamb Chops

红烧羊排

Time 90min   Feed 2

食材

羊排	800 克	桂皮	2 块
白萝卜	1 根	干辣椒	3 个
老抽	2 汤匙	红辣椒	3 个
生抽	1 汤匙	香叶	适量
豆瓣酱	1 汤匙	料酒	1 汤匙
冰糖	10 块	葱	少许
姜	1 块	水	适量
大蒜	5 瓣	（以没过羊排为宜）	
八角	5 个	香菜（可选）	适量

做法

① 羊排洗净切块；白萝卜洗净去皮，切块备用；葱、姜、干辣椒、红辣椒改刀备用。

② 羊排凉水下锅，焯水捞出（使用冷水下锅煮开，才会把羊排的血沫彻底逼出来）。

③ 热锅下油，将大蒜和辣椒炒出香味，下入羊排翻炒至变色。锅中倒入清水，放入葱、姜、生抽、老抽、料酒、豆瓣酱、八角、桂皮和香叶炖煮。

④ 待锅内沸腾后，转火烧至八成熟，再放入白萝卜，小火继续炖煮30分钟即可，出锅后根据个人口味放适量香菜点缀。

Beech Mushroom Miso Soup

蟹味菇味噌汤

Time 45min　　Feed 2

食材

蟹味菇	150 克	紫菜	少许
北豆腐	200 克	味噌	30 克
昆布	1 片	水	1 升
柴鱼片	20 克		

做法

① 蟹味菇洗净，去根；北豆腐改刀切小块备用。

② 昆布用干净的布擦拭去尘，放入锅中加 1 升清水浸泡
15 分钟，然后开盖用小火煮 15 分钟（不要使其沸腾），
转中大火让汤稍微沸腾后放入柴鱼片，再转文火煮 3
分钟，出汁后，过滤出昆布与柴鱼片，留汤待用。

③ 将豆腐和蟹味菇放入高汤，煮 5 分钟至水微开，放入
紫菜，待其散开时，将味噌在汤中过筛（或者在碗中
揉至顺滑，倒入汤中）。用筷子搅拌味噌使其溶化，
继续煮约 2 分钟即可。

Fig Cheesecake

无花果乳酪

Time 120min   Feed 2

食材

酥皮底用

低筋面粉	45 克	糖粉	15 克
无盐黄油	60 克		

乳酪馅用

奶油奶酪	100 克	低筋面粉	30 克
马斯卡彭奶酪	80 克	糖粉	30 克
蛋黄	2 个	无花果	4 个
蔓越莓干	15 克		

蔓越莓糖浆用

蔓越莓汁	150 毫升	开水	50 毫升
砂糖	30 克		

装饰用

薄荷叶	少许

做法

制作酥皮底

① 低筋面粉混合糖粉，同室温软化的无盐黄油一起揉成面团，平铺在铸铁锅锅底，用叉子戳出小孔（防止烘烤时拱起）。

② 将烤箱设置为上下火 180℃ 预热 10 分钟，放入酥皮，烘烤 20 分钟至颜色呈淡黄色，取出晾凉。

制作乳酪馅

① 奶油奶酪与马斯卡彭奶酪混合打发至顺滑后，加入两个蛋黄，低速打至顺滑。

② 低筋面粉和糖粉过筛后，与乳酪混合，然后加入蔓越莓干翻拌混合。

③ 将蔓越莓乳酪馅倒入烤好的酥皮锅中，无花果切半嵌入乳酪馅中。

④ 将烤箱设置为上下火 180℃ 预热 10 分钟，放入无花果乳酪，烘烤 30 分钟至表面呈金黄色。

制作蔓越莓糖浆

① 将砂糖和蔓越莓汁倒入锅中，注意不要粘到锅边，用中小火加热至起泡，此时不用搅拌，继续熬煮至糖浆开始变色时，晃动锅身使颜色变得均匀。

② 待糖浆颜色变成透明深红色时熄火，倒入开水搅拌均匀（小心糖浆飞溅烫伤。）

TIPS

待无花果乳酪出炉后，装饰上新鲜无花果，淋上蔓越莓糖浆，再点缀少许薄荷叶即可。

霜降

Frost's Descent

时间：10月23日—10月24日

三候：豺乃祭兽；草木黄落；蛰虫咸俯。

秋风止，冬将至，霜降是二十四节气的第18个节气，此时天气渐冷，开始出现降霜现象，不耐寒的植物则会停止生长。

金针菇 Enoki Mushroom

金针菇是比较常见的菌类食材，食用金针菇可以促进人体内的新陈代谢，抑制血脂升高，还能降低胆固醇，缓解疲劳。

柿子 Persimmon

柿子是典型的秋季水果，吃柿子有很多讲究，比如柿子皮中含有较多的鞣酸，所以要尽量避免食用柿子皮。此外，空腹吃柿子也会对人体产生一定的危害。

柿子是优质的降血压食材，适合高血压患者食用。柿子中还含有较多的碘，适宜因缺碘引起的甲状腺疾病患者食用。

山药 Yam

山药含有由蛋白质与多糖体组成的黏蛋白，可以帮助人体提高免疫力、美容养颜、增强自身抵抗力等。

藤椒酸汤肥牛

柿子坚果冷碟

山药泥盖饭

霜降之时，以金针菇、柿子、山药三种时令食材，烹制出三道菜品：藤椒酸汤肥牛、山药泥盖饭、柿子坚果冷碟。

其中，金针菇同肥牛搭配黄灯笼辣椒酱，煮成一锅热气腾腾的酸辣汤，荤素搭配，令人胃口大开。秋季食柿子，不但可以御寒保暖，更能健脾润秋燥，取硬柿子与蔓越莓、葵花子搭配做成冷碟，做法简单，甘甜爽口。山药为深秋补胃好食材，原味山药泥与米饭搭配作为主食，入口微甜，山药泥口感黏滑浓稠，是常见的日式家常进补料理。

料理人 PROFILE

马天天
"花治"生活植物实验室主理人。

Sour Soup of Beef
and Pepper

藤椒酸汤肥牛

Time 25min   Feed 2

食材

肥牛片	250 克	姜	2 片
金针菇	150 克	料酒	1 汤匙
藤椒	10 克	白醋	1 茶匙
黄灯笼辣椒酱	50 克	糖	1 茶匙
小米椒	适量	盐	少许
大蒜	6 瓣	高汤（或清水）	适量

做法

① 姜和大蒜分别切片，小米椒切小段。

② 金针菇在沸水中烫熟，铺在深碗的碗底。

③ 热油爆香姜片、蒜片，放入黄灯笼辣椒酱翻炒片刻，
加入料酒和高汤大火煮沸。

④ 用滤网将汤底的料渣捞净，放入肥牛片轻轻搅动，快
速捞出浮沫，用糖、盐调味，最后淋白醋，关火。

⑤ 将肥牛倒入深碗中，放入藤椒和小米椒，淋少许热油
提香即可。

Persimmon Nuts
Cold Dish

柿子坚果冷碟

Time 15min　　Feed 2

食材

硬柿子	2 个	希腊酸奶	30 毫升
熟葵花子	20 克	枫糖浆	少许
蔓越莓干	20 克		

做法

① 硬柿子去皮，横切成约 5 毫米的薄片，铺于盘底。

② 撒上熟葵花子和蔓越莓干，淋上希腊酸奶和枫糖浆
　　即可。

Smashed Yam Rice

山药泥盖饭

Time 15min   Feed 2

食材

山药	100 克	黑芝麻	少许
热白饭	2 碗	柚子醋	少许
香葱	少许		

做法

① 山药去皮（处理时须戴手套），用研磨碗或料理机磨
成细腻泥状，盖在热白饭上。

② 点缀香葱和黑芝麻，淋少许柚子醋调味即可。

TIPS

山药皮中含有皂角素，接触皮肤后会引起发痒，所以，
给山药去皮时应戴手套。人体口腔中的唾液淀粉酶，
可以分解山药黏液中残留的致痒物质，所以我们可以
生食山药。

常见秋季食材

Chapter .4
Winter 冬

冬 Winter

立冬
the Beginning of Winter

时间：11月6日—11月8日

三候：水始冰；地始冻；雉入大水为蜃。

○立冬是二十四节气的第19个节气，也代表着冬天的开始。此时我国出现大幅度降温和寒潮天气，我国南北地区的温差逐渐拉大。

胡萝卜 Carrot

胡萝卜是市面上最常见的蔬菜之一，口感甜脆，有特殊的香气。胡萝卜富含多种胡萝卜素，有助于治疗夜盲症，促进婴儿生长发育，增强机体的免疫能力。

胡萝卜含有植物纤维，可促进肠道蠕动；因其含有降糖物质，因此糖尿病患者也可以食用。

青萝卜 Green Radish

主要有沙窝萝卜、葛沽萝卜、翘头青萝卜、露头青萝卜等品种，口感甜脆，略有辛辣，常作为炖菜的配菜或者直接生食。

因为青萝卜的热量较少，纤维素较多，且易于饱腹，因此常作为减肥的辅食。

荔浦芋头 Lipu Taro

因产于桂林的荔浦县，所以得名"荔浦芋头"。口感软糯，传统的做法是将其切成薄片，油炸后夹在猪肉中，做成"红烧扣肉"。

食用荔浦芋头，有利于提高机体的免疫力，增加皮肤的光泽，预防龋齿，保护牙齿。

胡萝卜羊肉饺子

青萝卜猪展汤

香蒸芋头

立冬之时，以胡萝卜、青萝卜、荔浦芋头三种食材，烹制出三道菜品：胡萝卜羊肉饺子、青萝卜猪展汤、香蒸芋头。

立冬吃饺子是京津等地区的老传统，原本是为"顺应天意"，在"交子之日"吃饺子。部分北方地区也有在冬至吃饺子的习俗，据说是为了纪念"医圣"张仲景的冬至"祛寒娇耳汤"而留下的，起源说法不一，无法详细考证。吃羊肉既能抵御风寒，又能进补身子，最适合冬季食用，做成饺子，味道鲜美。猪展是猪的小腿肉，表面有白色筋腱，用来同青萝卜搭配煲汤，口感嫩滑，汤汁鲜美，最宜开胃。荔浦芋头富含蛋白质、碳水化合物（淀粉）、钙和多种维生素，用清水蒸熟，保留了荔浦芋头原本的甜味，再搭配少许白糖或青梅桂花酱，一芋两吃，简单易学。

料理人 PROFILE

晴天小超人

美食作家、美食摄影师，著有《花样甜：不用烤箱的 76 道快手甜点》《一起来吃下午茶》等书，为多家美食杂志供稿，为多部美食微电影担任美食指导。

Lamb Carrot Dumplings

胡萝卜羊肉饺子

Time 60min   Feed 2

食材

羊肉	250 克	食用油	1 茶匙
胡萝卜	2 根	五香粉	少许
木耳	6 朵	生抽	2 茶匙
饺子皮	250 克	料酒	1 茶匙
大葱	1 根	香油	1 汤匙
生姜	1 块	盐	1/2 茶匙

做法

① 胡萝卜去皮，擦成细丝后剁成末，加入 1 茶匙食用油拌匀待用，木耳泡发剁碎。

② 羊肉（七分瘦三分肥）剁馅，加入姜末、五香粉和 1 茶匙料酒，搅打至羊肉上劲。

③ 在羊肉馅中加入胡萝卜、大葱末、1/2 茶匙盐、2 茶匙生抽和 1 茶匙香油拌匀。

④ 用手擀饺子皮或直接购买的成品饺子皮包饺子，下锅煮熟即可。

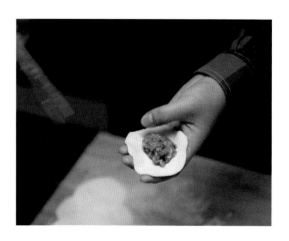

Pork Soup
with Green Radish

青萝卜猪展汤
Time 200min　　Feed 2

食材

青萝卜	1 个	荸荠	100 克
猪展肉	250 克	南杏仁	50 克
南瓜	100 克	盐	少许

做法

① 青萝卜、荸荠、南瓜均去皮切块待用。

② 猪展肉切块，放入沸水焯 2 分钟，捞出待用。

③ 将所有食材放入炖锅中，煲 3 个小时，加适量盐调味即可。

Steamed Taro

香蒸芋头

Time 30min   Feed 2

食材

荔浦芋头	500 克	梅子酱	少许
白糖	少许	桂花酱	少许

做法

① 荔浦芋头去皮，切成较大的滚刀块。

② 冷水放入蒸锅，上汽后中火蒸芋头块 25 分钟。

③ 将 2 汤匙青梅酱和 2 汤匙桂花酱混合，拌匀调成青梅
　桂花酱，蘸食蒸好的芋头即可，也可选择蘸食白糖。

冬 Winter

小雪

Lesser Snow

时间：11月21日—11月23日

三候：虹藏不见；天气上腾地气下降，闭塞而成冬。

○ 小雪是二十四节气的第 20 个节气，「气寒而将雪」，意味着小雪时将开始降雪，但雪量并不大，同白露和霜降一样，是反映天气现象的节令。此时，北方将出现 0℃ 以下的温度，并伴随着『夜冻昼化』的现象。

大白菜 Chinese Cabbage

冬季时蔬，原产自地中海沿岸和中国。按照叶球颜色，主要分为白口、青口和青白口，家庭一般常做炖菜或者腌菜食用。

大白菜富含纤维素，能促进肠道蠕动，促进消化。

松仁 Pine Nut

富含丰富的脂肪和维生素 E，维生素 E 是一种较强的抗氧化剂，因此，食用松仁有抗衰老的作用。对用脑过度的人来说，松仁是不错的营养补充剂，因为其含有的不饱和脂肪酸有促进脑细胞代谢、增强记忆的作用。

紫薯 Purple Sweet Potato

紫薯是非转基因天然食物，富含硒元素、花青素、蛋白质、淀粉、纤维素和多种维生素，有改善视力、增强人体抵抗力等作用。

白菜豆乳锅

松仁鲜虾炒饭

紫薯糖水

料理人 PROFILE

霍萍

"未满"食物美学品牌创始人，前媒体人，主张"食物是生活美学的开场白"，用食物来传递和重构人们的生活态度。

小雪天寒，以大白菜、松仁、紫薯三种食材，烹制出三道菜品：白菜豆乳锅、松仁鲜虾炒饭、紫薯糖水。

俗话说"小雪来，出白菜"，此时正是冬储白菜的时节，搭配时蔬煮一锅豆乳暖锅，暖心暖胃。被誉为"果中仙品"的松仁与米饭、鲜虾合炒，粒粒喷香，最宜饱腹。紫薯营养丰富，蒸香后与银耳煮制成糖水，味香色透，最宜配饭。

Soybean Milk Pot
with Cabbages

白菜豆乳锅

Time 40min   Feed 2

食材

大白菜	200 克	无糖豆浆	300 毫升
豆腐	150 克	白味噌	1 汤匙
玉米	1 个	味淋	2 汤匙
西蓝花	100 克	日式酱油	1 茶匙
蟹味菇	50 克	芝士	1 片
高汤	300 毫升	盐	适量

做法

① 大白菜切块，西蓝花掰成小朵，蟹味菇去根，玉米切块，豆腐切厚片并煎至两面金黄。将食材码入砂锅，加入 1 片芝士，备用。

② 另起一锅高汤，加入无糖豆浆、日式酱油、味淋、盐、白味噌，煮沸。

③ 将煮好的豆乳倒入砂锅，开火煮沸即可。

松仁鲜虾炒饭

Time 30min   Feed 2

食材

松仁	50 克	生蛋黄	1 个
洋葱	50 克	鲜虾仁	10 个
大蒜	适量	红咖喱	1 茶匙
彩椒	50 克	酱油	1 茶匙
荷兰豆	30 克	橄榄油	适量
隔夜米饭	150 克	盐	少许

做法

① 大蒜切碎，洋葱切小块，彩椒切丁，荷兰豆切小段，备用。

② 鲜虾仁加入红咖喱、酱油和橄榄油，抓匀腌制 5 分钟。

③ 腌好的虾仁滑油至五分熟，松仁用小火焙香，盛出待用。

④ 热油锅爆香大蒜碎，放入所有食材翻炒，然后加入隔夜米饭，炒至松散后放入一个生蛋黄，加少许盐翻炒即可。

Sugar Water with
Purple Sweet Potato

紫薯糖水

Time 40min   Feed 2

食材

紫薯	250 克	冰糖	适量
银耳	20 克	枸杞	少许

做法

① 紫薯去皮，滚刀切块备用。

② 泡发的银耳放入锅中大火煮开，再放入蒸好的紫薯块、
  冰糖、枸杞，煮 10 分钟。

③ 转小火继续煮 20 分钟，待银耳变得黏稠即可关火。

冬 Winter

大雪

Greater Snow

时间：12月6日—12月8日

三候：鹖鴠不鸣；虎始交；荔挺出。

○ 大雪是二十四节气的第21个节气，标志着冬季的正式开始。此时，北方地区常受冷空气影响，出现较强的降雪天气。

羊肉 Lamb

自古羊肉便作为御寒食物，因此最宜冬季进补。羊肉含有较多的蛋白质和丰富的维生素，适量食用，有助于增强人体的抗病能力。

羊肉有较重的膻味，因此一般烹煮羊肉的时候，可以先过一下含有姜片、料酒的水，如此便能减轻味道。

冬笋 Winter Bamboo Shoots

秋冬季节，尚未出土的笋叫冬笋，通体呈淡黄色，肉质细嫩，味道鲜美，常同肉类一起炒食，如冬笋爆鸡片，荤素搭配，笋片口感脆爽解腻。

冬笋含有丰富的蛋白质和多种维生素以及钙、磷、铁等微量元素，能够促进肠道蠕动，帮助消化。冬笋含有较多的草酸，因此食用前最好稍微焯水。

荸荠 Water Chestnut

又称"马蹄"，清脆多汁，既可作为水果生食，也可作为蔬菜炒或煮食。

荸荠的磷含量居所有茎类蔬菜之首，有助于促进身体发育，以及人体的糖、脂肪和蛋白质三种物质的代谢。除此之外，荸荠还有抑菌的作用。

红焖羊肉

冬笋腊肉饭

荸荠冬瓜汤

大雪时节，天寒地冻，以羊肉、冬笋、荸荠三种食材烹制出三道菜品：红焖羊肉、冬笋腊肉饭、荸荠冬瓜汤。

红焖羊肉使用羊肉和胡萝卜作为主食材，其中，胡萝卜可使羊肉的味道更加鲜美，同时，胡萝卜吸足汤汁，入口软糯。在这道菜中加入三四块腐乳提鲜增香，出锅前略微收汁，一锅肉煮至恰到好处，最宜下饭。冬笋同米饭、腊肉长时间慢煲，让藏在腊味里的肉汁完全渗入米粒中，饱满喷香，光是吃一碗饭，就已足够满足。口感清爽的荸荠和冬瓜熬煮成汤，清爽简单，搭配两道荤食，正好能解"大肉"的油腻。

料理人 PROFILE

李孟夏

资深媒体创意人，艺术北京品牌总监。

Lamb Stew

红焖羊肉

Time 65min   Feed 3~4

食材

羊肉	1 千克	黑豆酱	适量
生姜	1 块	料酒	适量
八角	2 个	生抽	适量
腐乳	3 块	已泡陈皮	适量
胡萝卜	1 根	荸荠	3 个
盐	适量	生菜	适量

做法

① 羊肉洗净煮滚至七分熟后放入冷水浸泡，同时胡萝卜切块备用。

② 将羊肉捞出斩件。

③ 热油锅中先后放入姜片、羊肉、胡萝卜翻炒，出汁后放进八角、腐乳、适量黑豆酱、料酒、生抽、陈皮、荸荠一起翻炒。

④ 倒滚水，将所有食材一同装进砂煲焖 50 分钟，起锅后加入适量盐和香菜即可。

Winter Bamboo Shoots and
Preserved Ham Rice

冬笋腊肉饭

Time 45min   Feed 3~4

食材

大米	300 克	葱	少许
食用油	1/2 汤匙	蚝油	1 汤匙
水	300 毫升	凉白开	1 汤匙
腊肠	3 根	生抽	2 汤匙
冬笋	100 克	白糖	1/2 汤匙
姜	半个	芝麻油	1/2 汤匙

做法

① 腊肠切段，冬笋切块，备用。

② 砂锅底抹一层薄油，放入提前浸泡 1 小时的大米，倒入适量水和 1/2 汤匙食用油，拌匀，焖至八成熟。

③ 米饭水分快干时，铺上腊肠、冬笋、姜丝、葱丝继续焖 5 分钟后关火，淋上调味汁（蚝油 1 汤匙、凉白开 1 汤匙、生抽 2 汤匙、白糖 1/2 汤匙、芝麻油 1/2 汤匙），再继续焖 15 分钟即可。

荸荠冬瓜汤

Time 40min   Feed 3~4

食材

荸荠	100 克	海苔碎	少许
冬瓜	100 克	盐	少许
葱	少许	枸杞	少许
海米	10 颗	水	500 毫升
姜	2 片		

做法

① 荸荠和冬瓜均去皮切小块，海米浸泡待用。

② 锅内水开后倒入荸荠、冬瓜、海米、枸杞、姜丝和海苔碎，煮 25 分钟，至冬瓜变透明后，加入盐、葱花调味即可。

冬 Winter

冬至
the Winter Solstice

时间：12月21日—12月23日

三候：蚯蚓结；麋角解；水泉动。

○ 冬至是二十四节气的第22个节气，也是二十四节气中最早被确定的节气。「至」是指日短之至，从冬至开始，白昼一天比一天长。冬至之时，北极圈呈极夜状态，南极圈则呈极昼状态。

兰花蟹 Sea Carb

因壳体表面多花纹而得名，体型较大，肉质细嫩，含有丰富的蛋白质和微量元素，能够有效控制炎症、调节心率、维持人体内的酸碱平衡。

菠菜 Spinach

入冬的菠菜最为美味，常见的食用方式有凉拌、做汤、荤素炒食等。菠菜具有促进人体新陈代谢、抗衰老、促进肠道蠕动、补血等功效。

因菠菜中含有草酸，因此食用前最好稍微焯一下水。

橙子 Orange

橙子含有丰富的果胶、蛋白质、多种微量元素和维生素，其中维生素 C 的含量最高，具有抗氧化、止咳、调节新陈代谢等功效。

橙子除了橙肉可食，橙皮气味芳香，晒干后也可食用。

海鲜锅

菠菜烘蛋

私房热红酒

冬至之时，以兰花蟹、菠菜、橙子三种食材，烹制出三道菜品：
海鲜锅、菠菜烘蛋、私房热红酒。

虽说多是在秋天吃蟹，其实冬季也是食蟹旺季，此时兰花蟹储
存能量过冬，蟹肉肥美且成熟，将其和其他贝类做成颇具韩式
风味的锅料理，香辣开胃，非常适合天冷的时候食用。菠菜有
御寒的作用，同奶酪、鸡蛋一同做成菠菜烘蛋，奶香味十分暖
人，既可饱腹，又适合作为一道小点。此时，正逢橙子大量上
市，用富含果胶的橙皮做一道经典热红酒，在经典做法的基础
上加入红枣，真是太适合冬天了。

料理人 PROFILE
黑麦
记者，"黑麦的厨房"餐厅主厨。目
前维持着"白天写写写，晚上炒炒炒"
的生活状态。

Sea Food Hot Pot

海鲜锅

Time 30min   Feed 3~4

食材

虾	4 只	豆腐	200 克
兰花蟹	1 只	金针菇	100 克
文蛤	8 个	大葱	半根
青口贝	4 个	大蒜	5 瓣
鱿鱼圈	100 克	鸡汤	150 毫升
辣白菜	300 克	水	300 毫升
辣酱	适量		

做法

① 大葱切段，大蒜拍碎，虾去虾线，兰花蟹开壳去腮，对半切开，将蟹腿划开一个小口。

② 起锅倒油，放入大蒜和葱段，炒香后，将所有海鲜按照外形由大到小的次序放入锅内，翻炒出汁后加入辣白菜及适量辣酱翻炒。

③ 锅内倒入鸡汤、水、豆腐、金针菇，煮 5 分钟即可。

Frittata

菠菜烘蛋

Time 20min   Feed 3

食材

番茄	半个	黑胡椒	适量
洋葱	半个	盐	适量
菠菜	100 克	里科塔奶酪	适量
鸡蛋	2 个	（可用奶油奶酪代替）	

做法

① 番茄、洋葱切丁，菠菜去梗；将鸡蛋在碗内打匀后，加入适量里科塔奶酪，用勺拌匀。

② 起热锅放入蔬菜丁翻炒，撒少许盐和黑胡椒；另起热锅倒油，放入菠菜炒软，将蛋液均匀浇在锅内，放入炒好的蔬菜丁。

③ 撒入适量盐和黑胡椒调味，待蛋液凝固即可出锅。

TIPS

里科塔奶酪（Ricotta）：又称意大利乳清干酪，是用奶酪制作过程中产生的乳清制作而成，脂肪含量很低，水分较高，且含有较多的乳糖，所以乳糖不耐受患者不能食用。

GluehWein

私房热红酒

Time 28min   Feed 3

食材

葡萄酒	250 毫升	红枣	3 个
橙子	2 个	黄糖	100 克
苹果	半个	水	400 毫升
八角	1 颗	盐	少许
肉桂	1 根		

做法

① 橙子削皮后用牙签固定，将橙肉榨汁，苹果切片，红枣表面划开。

② 取锅放入橙皮、红枣、八角、肉桂、苹果片，倒入水、黄糖、盐，开火煮沸，待汁水黏稠后（剩余约150毫升时）关火。

③ 滤掉锅内渣滓，将液体倒回锅中，开火；倒入葡萄酒和橙汁，煮沸后关火，冷却片刻后倒入容器即可。

冬 Winter

小寒

Lesser Cold

时间：1月5日—1月7日

三候：雁北乡；鹊始巢；雉始雊。

○ 小寒是二十四节气的第 23 个节气，标志着即将进入一年中最寒冷的日子。小寒时常会伴随大风降温天气，此时适合多食用温热的食物。

鲈鱼 Perch

天寒之时，最适合吃鲈鱼。鲈鱼的肉质细嫩肥美，且鱼刺较少，属于比较名贵的鱼类，适合清蒸、红烧或炖汤。鲈鱼中含有易消化的蛋白质和多种维生素，适宜患贫血、头晕和水肿病症的人食用。

儿菜 Leaf Mustard

儿菜是一种长相奇特的蔬菜，天冷时大量上市。味道鲜美，清甜中略带一点儿苦味，富含植物纤维，能够促进肠道蠕动，同时含有一种特殊的气味，可以增进食欲，缓解消化不良。儿菜多以清水煮食或者荤素炒食。

年糕 Rice Cake

年糕是中国的传统食物，各地年糕多有不同，但基本都是用以黏性较大的糯米或者大米制成。

柠檬酸汤鲈鱼

白灼儿菜

蛋煎年糕

料理人 PROFILE

杂鱼治
平面设计师，"鱼治食堂"私厨料理人。"杂鱼"的起名源自厦门市井，那里有道家喻户晓的家常菜叫"杂鱼酱油水"。因为草根，所以既有着小人物的简单亲切，也蕴含着旺盛的生命力，笨拙却不失努力地生活，希望通过食物柔软地连接人与人。

小寒之时，以鲈鱼、儿菜、年糕三种食材，烹制出三道菜品：柠檬酸汤鲈鱼、白灼儿菜、蛋煎年糕。

其中，加入柠檬、腌萝卜的鲈鱼，炖煮一锅，鱼肉鲜嫩，入口酸辣爽口，下饭又暖胃。儿菜是四川地区深冬的应季菜，通过白灼的方式，保留了儿菜本身的一点苦头，蘸取油辣子食用，简单却不失美味。南方人喜欢在岁终吃年糕，寓意着"年年高"，几片家常年糕，煎烤后泛着油光，蘸着熬煮成浆的黄糖，吃起来外酥里糯，可作餐后小食。

做法

① 鲈鱼剔骨起肉，鱼头和鱼骨待用，老姜切丝，大蒜切末，小青葱切大段，洋葱切片，酸萝卜切片，两种辣椒切小段，金针菇去根，柠檬切片。

② 鱼肉切厚片，撒少许盐、糖和白胡椒抓匀后腌制片刻。热锅倒油，将鱼头和鱼骨煎至焦黄，倒入清水大火熬煮至汤汁呈奶白色，倒出汤汁作鱼高汤使用。

③ 起锅热油，将姜丝、蒜末、葱段、洋葱片、酸萝卜片依次放入锅中翻炒，倒入鱼高汤，撒少许盐和糖，熬煮 5 分钟后，放入金针菇和柠檬片。

④ 放入鱼肉片，煮至高汤沸腾后出锅，撒少许辣椒（如果喜欢吃辣可以在炒菜时加入）、香菜、柠檬叶装饰即可。

Sour Perch Soup
with Lemon

柠檬酸汤鲈鱼

Time 30min　　Feed 2

食材

鲈鱼	1 条	香菜	少许
柠檬	2 个	老姜	半块
酸萝卜	4 个	小青葱	2 根
金针菇	100 克	柠檬叶	5 片
大蒜	1 头	水	2 大碗
洋葱	1 个	盐	少许
青辣椒	5 克	糖	少许
小米椒	5 克	白胡椒	少许

Scalding Leaf Mustard

白灼儿菜

Time 20min   Feed 2

食材

儿菜	500 克	白糖（可选）	少许
油辣子（可选）	1 小碗	水	半碗
陈醋（可选）	少许		

做法

① 儿菜洗净，切厚片，码放在砂锅中。

② 倒入半碗水，加盖中火煮 6 分钟左右至沸腾（筷子可以插入即可）。

③ 在油辣子中加入陈醋、白糖搅拌，也可直接使用现成的油辣子，蘸食即可。

Egg Fried Rice Cake

蛋煎年糕

Time 20min   Feed 2

食材

年糕	1 条	鸡蛋	1 个
黄糖	适量		

做法

① 年糕切块。

② 热锅倒入适量黄糖和少许水，中火煮至黄糖软化成浆
（过程中需要不停搅拌），倒出备用。

③ 热锅倒油，将年糕表面裹沾一层鸡蛋液，放入锅中煎
至表面微黄，淋上黄糖浆即可食用。

○ 大寒是二十四节气中的最后一个节气，此时，常会有大风天气，气温迅速下降，地面积雪不化，是一年中最寒冷的时期。

腊肠 Sausage

是以肉类为主料，辅以调味佐料，灌入肠衣中制成的肉制品，其历史可以追溯到南北朝以前。我国各地的腊肠虽风味不同，但制法基本相同。干燥后的腊肠易于存放，肉质紧实有嚼劲，可荤素炒食、直接熟食或者搭配米饭焖食。

茶树菇 Cylindracea

因长在油茶树的枯干上而得名。伞小梗长，口感脆韧，炒制炖煮均宜，常作为涮火锅的配菜。和大多数菌菇一样，新鲜的茶树菇也适合脱水做成干制品，鲜味浓缩后，风味更为浓郁，多用于中式汤品，如茶树菇老鸭汤。茶树菇中含有较多的蛋白质和多糖，有助于提高免疫力、对抗炎症和细胞氧化。

荠菜 Shepherd's Purse

荠菜在一年中的春、夏、秋三季均可采收，含有大量粗纤维，有助于肠胃蠕动，促进消化。

荠菜主要分为板叶荠菜和散叶荠菜。板叶荠菜的植株塌地而生，叶片呈浅绿色，大而厚；散叶荠菜的叶片窄而厚，叶面光滑。从味道上比较，板叶荠菜的香味弱于散叶荠菜。

腊肠粉丝煲

茶树菇排骨汤

荠菜蛋饺

据《本草纲目》记载，荠菜于冬至后生苗，小寒、大寒
则是其生长期。但因气候变暖，如今，大寒之时，便能
吃到鲜嫩的荠菜。此时，以腊肠、茶树菇、荠菜三种食材，
烹制出三道菜品：腊肠粉丝煲、茶树菇排骨汤、荠菜蛋饺。

腊肠粉丝煲以广式甜味腊肠为主食材，同干粉丝一同焖
煮，油脂喷香，最宜下饭。大寒时适合吃新鲜的茶树菇，
与排骨一起简单做汤，汤汁清淡，最宜解腻。荠菜蛋饺
形似元宝，寓意好兆头，细嫩的蛋皮搭配荠菜的香气，
三两下肚，最宜饱腹。

料理人 PROFILE

林壁炫
被称为"文坛小可爱"，生于潮汕，
现居北京。

Sausage and Vermicelli Pot

腊肠粉丝煲

Time 50min　　Feed 2

食材

广味腊肠	1 根	姜	2 片
干粉丝	2 把	葱花	适量
青辣椒	1 根	生抽	适量
干香菇	5 朵	蚝油	适量
葱白	4 段	剁椒酱	适量
热水	500 毫升	橄榄油	适量

做法

① 干粉丝用温水浸泡 15 分钟，干香菇用 50℃～60℃的
热水浸泡 20 分钟，备用。

② 广味腊肠切片，葱白切段，泡发的干香菇切丝，青辣
椒去籽切丝。

③ 起锅热橄榄油，放入香菇、腊肠翻炒出油，加入姜片、
葱段、青椒丝翻炒。

④ 倒入适量热水，大火烧开；放入泡好的粉丝，加入生
抽、蚝油、剁椒酱继续翻炒后将食材移至焖锅。

⑤ 焖 5 分钟至汤汁收干，撒少许葱花即可。

Rib Soup with Cylindracea

茶树菇排骨汤

Time 80min   Feed 2

食材

茶树菇	若干	葱	1根
猪排骨	500克	盐	少许
姜	3片		

做法

① 锅内倒入300毫升水，放入姜片，大火煮沸后放入猪排骨，焯水后捞出备用。

② 另起一砂锅，加入500毫升水、姜片、排骨，大火烧开后，放入茶树菇，用小火煲1小时，起锅前放入葱段和盐即可。

Egg Dumplings with
Shepherd's Purse

荠菜蛋饺

Time 40min   Feed 2

食材

鸡蛋	4 个	盐	少许
猪肉糜	150 克	植物油	适量
荠菜	1 把	蚝油	2 汤匙
荸荠	4 个	芝麻油	适量

做法

① 荠菜、荸荠切碎，混入猪肉糜，加入 2 汤匙蚝油、少
   许芝麻油和适量的盐，搅打均匀。

② 鸡蛋加入少许植物油、盐打散做成蛋液备用。

③ 铁勺上刷一层厚油，倒入 2 汤匙鸡蛋液后，用小火煎
   至蛋皮半熟定型。

④ 在蛋皮中放入肉馅，合成饺子状，码入蒸屉蒸 5 分钟
   即可。

常见冬季食材

○ 胡萝卜
○ 青萝卜
○ 荔浦芋头
○ 大白菜
○ 松仁
○ 紫薯
○ 羊肉
○ 冬笋
○ 荸荠
○ 兰花蟹
○ 菠菜
○ 橙子
○ 鲈鱼
○ 儿菜
○ 年糕

○ 腊肠
○ 茶树菇
○ 荠菜
○ 柑橘
○ 青枣
○ 甘蔗
○ 番荔枝
○ 西蓝花
○ 菊苣
○ 紫菊苣
○ 苤蓝
○ 葱
○ 柠檬
○ 龙眼
○ 球茎茴香

索引

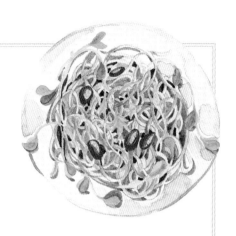

出 版 人 | 苏静
主　　编 | 食帖番组
运营总监 | 杨慧
出版总监 | 陈晗
平面设计 | 陈莫磊

内容监制 | 原媛
编　　辑 | 张婷婷
　　　　　王境晰

特约插画师 | 77
特约摄影师 | 张婷婷
　　　　　　白蓝蓝和灰爷
　　　　　　弥张

策划编辑 | 王菲菲
　　　　　刘莲
责任编辑 | 刘莲
营销编辑 | 李晓彤

Publisher | Johnny Su
Chief Editor | WithEating
Operations Director | Yang Hui
Publication Director | Chen Han
Graphic Design | More Chen

Content Producer | Yuan Yuan
Editor | Zhang Tingting
　　　　Wang Jingxi

Special Illustrator | 77
Special Photographer | Zhang Tingting
　　　　　　　　　　Elsa
　　　　　　　　　　Mi Zhang

Acquisitions Editor | Wang Feifei
　　　　　　　　　 Liu Lian
Responsible Editor | Liu Lian
PR Manager | Li Xiaotong